frechverlag

Täubners Tierleben

Die schönsten Fensterbilder und Bandornamente mit Tiermotiven

von Armin Täubner

frechverlag

Inhaltsverzeichnis

Wie die Rüsseltiere auf Seite 1 gearbeitet werden, erfahren Sie auf Seite 38. Die Anleitung für die Schmetterlinge auf Seite 3 finden Sie auf Seite 29.

TIP Falls Sie ein Fensterbild in einer anderen Größe arbeiten möchten, als abgebildet, können Sie die Vorlage auf einem Fotokopierer entsprechend vergrößern bzw. verkleinern. Da sich größere Motive in der Regel leichter ausschneiden lassen als kleinere, kann sich dieses Vorgehen gerade bei jüngeren Kindern empfehlen. Bei Regenbogenpapieren sollten Sie jedoch daran denken, daß sich dann auch der Farbverlauf ändert.

Fotos: frechverlag GmbH + Co. Druck KG, 70499 Stuttgart;
Fotostudio Täubner / Birgitt Gutermuth

Auflage: 5. 4. 3. 2. 1. | Letzte Zahlen
Jahr: 2002 2001 2000 1999 98 | maßgebend

ISBN 3-7724-2360-4 · Best.-Nr. 2360
Druck: frechverlag GmbH + Co. Druck KG, 70499 Stuttgart

Wer sich für Tiere interessiert, kennt „Brehms Tierleben". Und wer sich mit Fensterbildern beschäftigt, stößt früher oder später auf Motive von Armin Täubner. Mit liebenswerten Bären, Gänsen und Enten hat er die Fensterscheiben zahlloser Haushalte erobert.

In „Täubners Tierleben" finden Sie eine Auswahl seiner schönsten Tiermotive. Fische, Vögel, Schmetterlinge, Haustiere und wilde Tiere sorgen für jede Menge Fensterbilder-Spaß von Januar bis Dezember.

Alle Vorlagen wurden am Ende dieses Buches zusammengefaßt. So können Sie sie abpausen, ohne unschöne Muster auf den Fotos zu hinterlassen, und sich lange an den bunten Abbildungen Ihrer vierbeinigen Lieblinge erfreuen.

Aus Tonkarton schnell gebastelt, bringen sie Leben in Ihre Wohnung. Sie turnen fröhlich an Ihren Fenstern herum, ohne Lärm zu machen (und sind garantiert stubenrein).

Am besten suchen Sie sich ganz schnell Ihre Lieblingstiere aus, und dann kann's losgehen.

Viel Spaß mit „Täubners Tierleben" !

Material & Werkzeug

Um die in diesem Buch vorgestellten Modelle nachzubasteln, sollten Sie folgende Dinge zur Hand haben:

- **Tonkarton, Fotokarton und Tonpapier in verschiedenen Farben**
- **Regenbogen-Karton (Ton- oder Fotokarton)**
- **Transparent-/Architektenpapier und dünnen Karton für Schablonen**
- **Seiden- oder Transparentpapier zum Hinterkleben und evtl. gelbes Schneiderkopierpapier zum Übertragen der Vorlagen für die Motive Seite 13, 27 und 58**
- **Klebepunkte aus dem Handel (ø 8 mm, 12 mm und 14 mm)**
- **Bastelschere für Kinder**
- **Große Papierschere und kleine spitze Schere**
- **Cutter/Bastelmesser mit Schneideunterlage**
- **Bleistift**
- **Weißer Farbstift**
- **Kugelschreiber**
- **Farben zum Bemalen (Filzstifte, Tuschefüller, Pluster-Pen, Lackfarbe u. ä.)**
- **Klebstoff, z. B. UHU Alleskleber und UHU stic**
- **Pinzette**
- **Wäscheklammern**
- **Klammerhefter**
- **Radiergummi**
- **Lineal**
- **Zirkel**
- **Lochzange/Bürolocher**
- **Nähgarn in passender Farbe für die Mobiles**

Material & Werkzeug

Fensterbilder werden überwiegend aus *Tonkarton* gearbeitet, der formstabiler und weniger lichtdurchlässig ist als Tonpapier. *Tonpapier* eignet sich für Faltbänder und kleinformatige, einfarbige Fensterbilder. Bei mehrfarbigen Fensterbildern werden aus Tonpapier nur kleine, nicht tragende Teile gearbeitet, z. B. Blüten, Schmetterlinge etc. Je größer die Fensterbilder sind, desto wichtiger ist die Verwendung von Tonkarton, wobei unter Umständen sogar zwei Kartonteile aufeinandergeklebt werden müssen, um die benötigte Stabilität zu erreichen. Für Mobiles empfiehlt es sich, *Fotokarton* mit einem Gewicht von 300 g/m² zu verwenden.

Eine große *Papierschere* benötigen Sie für lange und großzügige Schnitte sowie für das grobe Ausschneiden der Motive. Mit einer kleinen, spitzen *Nagel- oder Silhouettenschere* werden die feinen Schneidearbeiten ausgeführt.

Mit dem *Cutter/Bastelmesser* können Sie exakte Schnitte an Stellen vornehmen, die für die Schere unzugänglich sind. Die Handhabung ist sehr einfach: Das Messer wird wie ein Kugelschreiber gehalten und zügig über Papier und Karton geführt. Nach kurzer Übung sind damit auch längere Schnitte kein Problem.
Für lange, gerade Schnitte empfiehlt es sich, ein *Stahllineal* zu verwenden, da bei Plastiklinealen die anfangs glatten Kanten durch die scharfen Klingen bald verschrammt sind.
Als *Schneideunterlage* dient eine spezielle, im Fachhandel erhältliche Schneidematte. Sie können aber auch ein Holzbrett oder ein Stück dicke Pappe nehmen. Diese dürfen keine zu starken Vertiefungen aufweisen, da bereits vorhandene Schnitte in der Unterlage die Klinge beim Arbeiten ablenken können.
Die Klingen sollten rechtzeitig gewechselt bzw. das stumpfe Klingenteil abgebrochen werden, denn mit einer stumpfen Klinge ist kein sauberer Schnitt mehr möglich.

TIP *Nach oben gewölbte Kartonränder entstehen vor allem, wenn Kartonformen mit dem Cutter ausgeschnitten werden. Mit dem Rücken des Zeigefingernagels, der an den Kanten entlanggezogen wird, lassen sich die gewölbten Schnittränder leicht glätten.*

Für saubere Klebearbeiten und zum Handhaben kleinster Kartonteile ist eine *Pinzette* hilfreich.

Mit *Wäscheklammern* werden frisch angeklebte Teile bis zur Trocknung des Klebstoffes fixiert und so am Verrutschen gehindert.

Sollen zwei identische Teile aus Papier oder Karton ausgeschnitten werden, einfach zwei Lagen aufeinanderlegen, grob das Motiv ausschneiden und außerhalb des Umrisses beide Lagen mit dem *Bürotacker* zusammenheften. Beide Teile können nun nicht mehr verrutschen und lassen sich sauber mit Schere oder Messer ausschneiden.

Ein *Radiergummi* hilft, Bleistiftkonturen und Klebstoffspuren zu entfernen. Solange der Klebstoff noch feucht ist, werden größere Kleckse abgetupft und anschließend wegradiert. Für kleine Korrekturen gibt es Radierstifte, die wie Bleistifte aussehen und angespitzt werden können.

TIP *Getrocknete Klebstoffflecken lassen sich mit dem Messer abkratzen, oder man klebt einfach einen kleinen Schmetterling, eine Blüte o. ä. darüber.*

Bandornamente – Schritt für Schritt

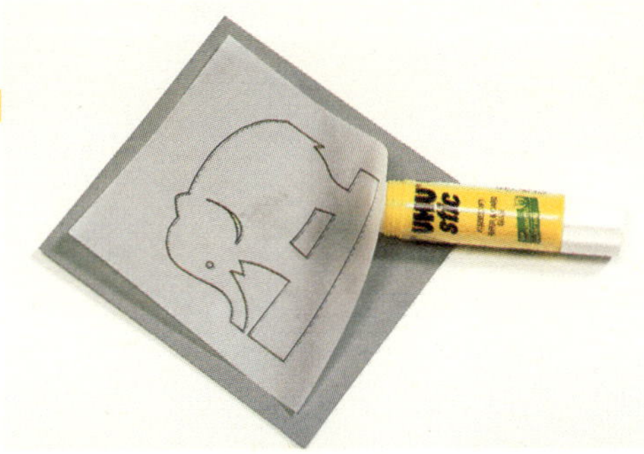

So wird's gemacht:

1. Alle Vorlagen finden Sie am Ende dieses Buches. Übertragen Sie das ausgewählte Motiv mit Bleistift und Lineal auf Transparentpapier. Das abgepauste Motiv wird auf einen dünnen Karton geklebt.

2. Schneiden Sie das Motiv exakt mit einem Cutter und/oder einer Schere aus; achten Sie dabei auf eine geeignete Schneideunterlage. Für Löcher empfiehlt sich eine Lochzange.

3. Diese Schablone wird auf einen Tonpapierstreifen der gewünschten Farbe gelegt (Streifenhöhe: Höhe des Motivs plus 1 cm Zugabe), und der Umriß wird mit Bleistift übertragen. Wichtig ist, daß das Motiv am rechten Rand des Tonpapierstreifens liegt und daß die Unterkante des Motivs und die Unterkante des Tonpapierstreifens eine Linie bilden.

4. An der linken Außenkante des Motivs falten Sie den Papierstreifen das erste Mal. Ziehharmonikaartig wird dann der ganze Papierstreifen in immer gleichen Abständen gefaltet. Richten Sie sich beim Falten stets zuerst an der Unterseite aus, d. h., nach allen Faltungen sollten die Unterkanten noch genau übereinanderliegen. Noch ein Tip: Wenn Sie das Papier an der Faltlinie mit einem Cutter ganz leicht einritzen, läßt sich der Streifen besser falten.

5. Je geringer die Zahl der Faltungen, desto einfacher ist das Ausschneiden. Beginnen Sie also am besten mit wenigen Faltungen! Übrigens – wenn der Tonpapierstreifen fertig gefaltet ist, können Sie ihn noch zusammenheften, das erleichtert das Ausschneiden. Sie müssen lediglich darauf achten, daß die Klammern in den Bereichen sitzen, die später weggeschnitten werden. Und auch hier empfiehlt sich wieder der Einsatz einer Lochzange, z. B. für die Augen.

6. Bei vielen Motiven sollten Sie unbedingt zum Cutter greifen, denn er bietet sich für feine Schnitte im Inneren der Figur besser an als eine Schere.
Und dann gibt's am laufenden Band tierisch tolle Bänder!

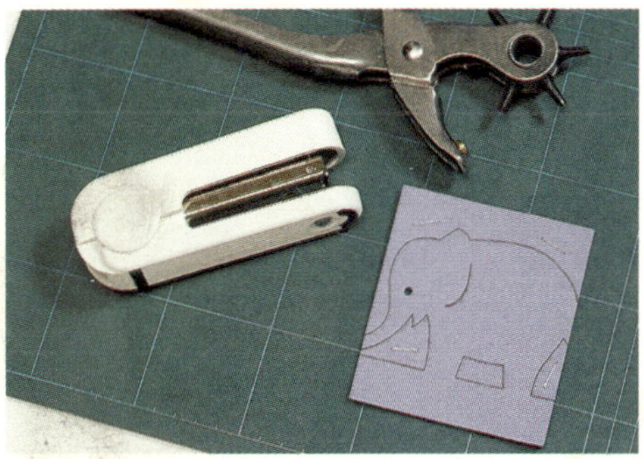

Fensterbilder – Schritt für Schritt

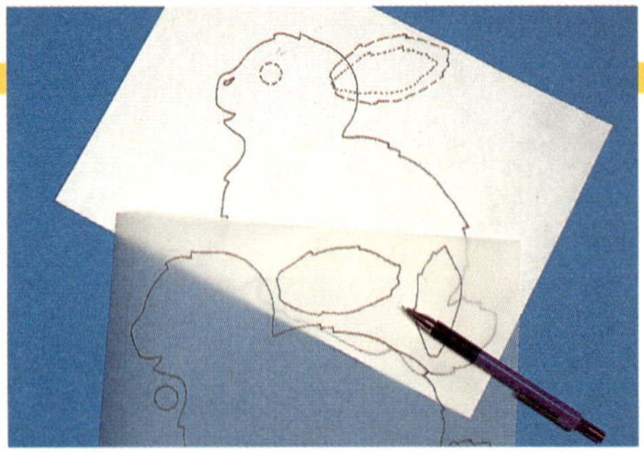

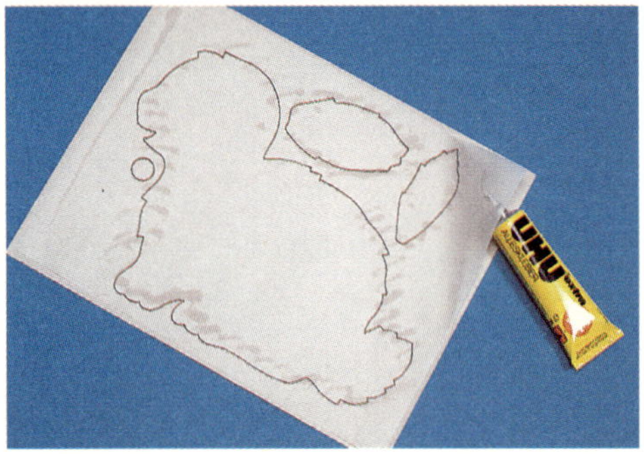

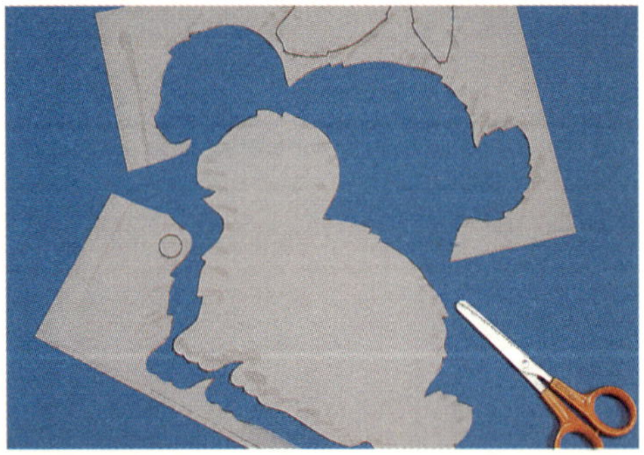

So wird's gemacht:

1. Alle Vorlagen sind am Ende dieses Buches abgedruckt. Pausen Sie alle Teile des Motivs nebeneinander und ohne Überschneidungen mit Bleistift auf Transparentpapier ab.

2. Kleben Sie das Transparentpapier auf einen dünnen Karton.

3. Die Teile schneiden Sie mit der Schere und/oder dem Cutter aus. Wenn Sie letzteren verwenden, sollten Sie auf eine geeignete Schneideunterlage achten. Jetzt haben Sie Ihre Schablonen.

4. Nun legen Sie eine Schablone auf den Tonkarton in der gewünschten Farbe und ziehen den Umriß mit einem Bleistift nach. Die Umrisse der anderen Schablonen werden auf die gleiche Art übertragen.

5. Anschließend können Sie die Teile ausschneiden.

6. Zum Schluß werden die ausgeschnittenen Teile zusammengeklebt. Die Gesichter zeichnen Sie am besten mit einem Bleistift leicht vor, und dann ziehen Sie die Linien mit einem schwarzen Filzstift oder einem Tuschefüller nach.
Damit die Augen lebendiger aussehen, können Sie zusätzlich noch mit einem Lackstift o. ä. einen weißen Lichtpunkt auftupfen.

TIP *Wenn die Vorder- und Rückseite Ihres Fensterbildes gleich schön aussehen sollen, müssen Sie die meisten Teile nochmals ausschneiden. Diese Teile werden spiegelverkehrt auf die Rückseite des Fensterbildes geklebt.*

Mümmelmänner unter sich

Hase ca. 20 cm hoch

Vorlagen: Seite 96 und 97

Hoppel, der weiße Zwerghase, hat Besuch von einem braunen Vetter bekommen. Dieser wird genauso wie Hoppel gearbeitet (Anleitung Seite 6), nur nehmen Sie statt weißem einfach hellbraunen Tonkarton.
Den Schwanz schneiden Sie aus weißem Karton aus und kleben ihn auf den braunen Hasenkörper. Dann kann die Mahlzeit der beiden Mümmelmänner beginnen.

Häschen mit schwarzen Tupfen

Auf dem kleinen Foto sehen Sie eine Variante der Mümmelmänner. Die schwarzen Flecken auf dem Fell können Sie anordnen, wie es Ihnen gefällt. Vielleicht schneiden Sie auch einen Flecken mehrmals aus. Oder Sie erfinden selbst Flecken in einer anderen Form. Und damit das Häschen nicht hungern muß, legen Sie noch einige Möhren aus.

Küken zwischen Schneeglöckchen

Motiv ca. 15,5 cm hoch

Vorlagen: Seite 63

Frisch geschlüpft, schaut sich das kleine Küken verwundert um. Wo ist es denn hier gelandet? Und wo ist seine Mama?

Zuerst die große Fläche in der Mitte und dann die Fläche zwischen den beiden Ringen herausschneiden. Jetzt kann sich das Küken auf die Suche nach seiner Mama machen.

Weckruf für den Frühling

Hahn ca. 19 cm hoch

Vorlagen: Seite 64

Am Kopf des farbenprächtigen Gesellen aus Regenbogen-Karton wird zuerst der Schnabel angebracht; Kamm und Kinnlappen berühren jeweils den Schnabelrand. Abschließend kleben Sie noch das zweiteilige Auge und den Flügel an. Und schon ertönt der Weckruf: „Kikeriki!"

Dompfaffenpärchen

Motiv ca. 23 cm hoch

Vorlagen: Seite 63 und 97

Wenn der Schnee schmilzt und die meisten Bäume noch kahl sind, kann man Vögel besonders gut beobachten. Dieses Dompfaffenpärchen hat sich ein Plätzchen zwischen den ersten Weidenkätzchen gesucht.
Auf dem roten bzw. hellbraunen Rumpf zuerst das schwarze Rückenteil (gestrichelte Linie), dann den weißen Bürzel (punktierte Linie), den schwarzen Flügel (Strichpunktlinie) und schließlich die graue Schulter (gezackte Linie) anbringen.
Das Auge aus weißem Papier ausschneiden und bis auf einen schmalen Rand und einen kleinen Fleck schwarz einfärben. Schnabel und Füße mit braunem Filzstift anmalen. Die Rückseite ebenso arbeiten.
Die weißen Weidenkätzchen beidseitig deckungsgleich aufkleben. Die Vögel auf die Weidenzweige setzen.
Während man das hellbraune Weibchen aus der Ferne kaum erkennen kann, leuchtet das Federkleid des Männchens in kräftigem Rot.

Wo warst du?

Motiv ca. 19 cm Durchmesser

Vorlagen: Seite 65

Ganz aufgeregt fragt die Mama das Küken, wo es sich wieder herumgetrieben hat.

Die Umrisse der Küken der obersten Etage freilegen. Nun kann die brütende Henne mit den restlichen Küken ausgeschnitten werden.

Die Schwanzfedern und den Flügel der Glucke mit insgesamt vier Schnitten andeuten. Die darunterliegenden Flächen, von einer Seite zur anderen, Stück für Stück, herausschneiden. Die Augen mit der Lochzange ausstanzen.

Transparente Fensterbilder - Schritt für Schritt

So wird's gemacht:

1. Die Vorlage des gewählten Motivs (am Ende dieses Buches abgedruckt) wird mit Bleistift, evtl. zusätzlich noch mit Lineal und Zirkel, auf Transparentpapier abgepaust.
Kleben Sie das Pauspapier auf hellen Tonkarton. Schneiden Sie das Motiv aus. Das ist Ihre Schablone. Legen Sie diese auf schwarzen Karton, und ziehen Sie die Konturen mit einem weißen Farbstift nach.
Sie können sich das Herstellen der Schablone auch sparen, indem Sie das Pauspapier mit Klebestreifen direkt auf dem schwarzen Karton fixieren.
Wenn Sie die Umrisse jetzt mit Kugelschreiber nachziehen, drücken sie sich in den Karton ein.
Besser sichtbar ist das Motiv, wenn zwischen Transparentpapier und Karton gelbes Schneiderkopierpapier, mit der beschichteten Seite nach unten, gelegt wird. Die mit Kugelschreiber nachgezogenen Konturen erscheinen als gelbe Linien auf dem Karton. Herkömmliches Kohle- oder Blaupapier eignet sich nur sehr eingeschränkt, weil sich die übertragenen Linien kaum vom dunklen Karton abheben.

Beim Herausschneiden der Innenflächen wird vorwiegend mit dem Cutter gearbeitet. Dabei darf die Schneideunterlage nicht vergessen werden.
In der Regel werden zuerst die kleinsten Flächen herausgeschnitten, dann wird das restliche Motiv Feld für Feld von einer Seite zur anderen freigelegt. Die äußere Kontur erst ganz zum Schluß mit der Schere nachschneiden. Mit der Nagelschere können noch kleine Korrekturen bei den Innenschnitten vorgenommen werden.

Wenn Sie das ausgeschnittene Motiv zweimal benötigen, empfiehlt es sich, beide Motive auf einmal auszuschneiden. Dazu werden zwei gleich große Kartons mit dem Klammerhefter an den Rändern zusammengeheftet. Auf dem oberen Karton ist das Motiv sichtbar. Mit dem Cutter werden die Innenflächen aus beiden Kartons gleichzeitig herausgeschnitten. Diese Möglichkeit erspart einen Arbeitsgang, sie erfordert jedoch mehr Kraft, als wenn Sie das Motiv ein zweites Mal ausschneiden.

Ist das Motiv fertig ausgeschnitten, müssen hochstehende Schnittkanten und Rundungen noch geglättet werden. Dies geschieht, indem ein Bogen sauberes Papier aufgelegt wird. Daraufhin werden die Schnittlinien mit dem Fingernagel kräftig nachgezogen. Das dazwischengelegte Papier verhindert, daß die nachgezogenen Linien durch die direkte Reibung speckig glänzen. Nun werden Vorder- und Rückseite des Motivs genau betrachtet. Die schönere Seite wird später die Vorderseite.

2. Damit die herausgeschnittenen Flächen gut sichtbar sind, liegt das Fensterbild auf einer hellen Unterlage. Nun wird das Transparentpapier oder das farbintensivere Seidenpapier auf die erste Fläche gelegt. Beim Nachziehen der Umrisse ringsum noch einen Kleberand berücksichtigen. Als Klebstoff eignet sich neben herkömmlichem Papierkleber (mit einer möglichst feinen Tülle) auch der Klebestift. Bei größeren oder verzweigten Formen wird nur die obere Hälfte des umgebenden Kartonstegs mit Klebstoff bestrichen.
Das exakt ausgeschnittene Transparentpapier auf der klebstofffreien unteren Hälfte paßgenau auflegen und dann oben festdrücken. Nun kann die untere Seite angehoben und ebenfalls Klebstoff aufgetragen werden.
Abschließend wird das zweite Kartonteil mit dem identischen Motiv paßgenau aufgeklebt.

Die behalte ich selbst!

Motiv ca. 19 cm hoch

Vorlagen: Seite 66

Sorgsam bewacht der kleine Hase seinen Ostereier-Schatz. Beginnen Sie mit dem Herausschneiden der kleinen Flächen.
Die großen Flächen wie Hase und Himmel werden erst zum Schluß herausgearbeitet. Anschließend alle freigelegten Flächen mit vorher zurechtgeschnittenem Transparentpapier hinterkleben.

TIP *Wenn Sie wenig Übung im Umgang mit dem Cutter haben, empfiehlt es sich, das Motiv auf einem Fotokopierer zu vergrößern.*

Blumen-Eiltransport

Mobile ca. 30 cm hoch

Vorlagen: Seite 67

Damit's schneller geht, hat Sally den Heißluftballon genommen. Mit einem Zirkel auf gelben Karton einen Kreis mit dem Radius 8 cm zeichnen und ausschneiden. In die Kartonscheibe die Löcher für die Befestigung des Korbes vorsichtig einstechen. Den Ballon mit den Punkten (ø 24 mm) und zwei Schmetterlingen verzieren. An Sallys Kopf das weiße Innenohr aufkleben. Auge und Nasenloch aufmalen. Der Kopf wird von hinten am Rumpf (gestrichelte Linie) befestigt.

Anschließend kleben Sie das Hasenmädchen von hinten an den Korb. Den Ärmel samt Pfote am Pullover fixieren. Von hinten an der Pfote das Tulpengrün anbringen und die Tulpenblüten ergänzen.

Den Korb ebenfalls mit Aufhängelöchern versehen und die Aufhängefäden anbringen (zur Aufhängung siehe auch Seite 18). Schon kann die Ballonfahrt beginnen ...

Etwas Farbe gefällig?

Hase ca. 21 cm hoch

Vorlagen: Seite 68

Hui, ist das ein Spaß! Begeistert malt Häschen Waldemar Eier an. Am Hasenkopf von vorne die Mütze und das Innenohr fixieren. Den Kopf von hinten am Arbeitsanzug ankleben. Ebenfalls von hinten das Schwänzchen und den Schuh anbringen. Nun den Armausschnitt (punktierte Linie) sowie den Arm am Anzug befestigen. Kleben Sie den zweiteiligen Pinsel von hinten an die Pfote. Das Auge mit Filzstift aufmalen.
Den kleinen Maler zusammen mit zwei Farbtöpfen und einigen Blüten auf der Grünfläche anordnen.
Mit Filzstiften Farbkleckse auf Anzug und Mütze malen. Pinsel und Farbtöpfe ebenfalls mit Filzstiften bemalen. Ganz ohne Farbspritzer geht es eben nie!

Harry Hase als Anhänger ...

Motive ca. 14 cm Durchmesser

Vorlagen: Seite 69

Fertigen Sie Schablonen der Motive an. Übertragen Sie die Konturen des springenden Hasen im Kreis auf Regenbogen-Tonkarton. Dann wird das Motiv ausgeschnitten und an einem Faden aufgehängt.

... und Harry Hase als Bandornament

Motive ca. 14 cm Höhe

Vorlagen: Seite 69

Auf dieser Seite sehen Sie Harry Hase und seinen Freund Herbie als Bandornament am Fenster entlangeilen, denn ein Hase hat schließlich viel zu tun.
Wie die Faltbänder aus Tonpapier hergestellt werden, erfahren Sie auf Seite 5.

Wir haben Hunger!

Mobile ca. 23 cm hoch

Vorlagen: Seite 70

Den Nistkasten auf Vorder- und Rückseite mit dem Blätterzweig bekleben. Hinzu kommen noch weiße Blüten, deren Mitte jeweils mit der Lochzange ausgestanzt wird.
Nun erhält jeder Vogel beidseitig einen Flügel. Augen aufmalen, die Schnäbel sowie die Beine mit Filzstift rot einfärben. Die Küken mit den weit aufgesperrten Schnäbeln mit einem Faden an den Nistkasten hängen. Um die hungrigen Mäuler zu stopfen, hat die Vogelmutter einen Wurm im Schnabel. Ob alle Küken davon satt werden?

Aufhängung der Mobiles

Bei Mobiles, die nach allen Seiten ausgewogen und im Ganzen beweglich sind, genügt ein Punkt zur Aufhängung. Diesen Punkt kann man leicht mit den Fingern ausbalancieren. Man stanzt dort mit der Lochzange ein Loch und zieht den Aufhängefaden hindurch.

Soll ein Mobileträger oder -rahmen in der Blickrichtung fixiert werden, so sind zwei Löcher erforderlich, von denen ausgehend jeweils ein Faden senkrecht zur Decke geht. Wenn Einzelelemente des Mobiles immer in eine bestimmte Richtung schauen sollen, sind zwei Löcher und zwei exakt darüber befindliche Anknüpfungen nötig.

Die Figuren werden vorsichtig zwischen Daumen und Zeigefinger ausbalanciert. Wenige Millimeter vom Rand entfernt werden an den betreffenden Stellen Aufhängelöcher eingestochen oder ausgestanzt.

Unter die zu durchstechende Kartonfigur einen oder mehrere dicke Kartons legen. Die markierte Einstichstelle entweder mit einem Stechzirkel, einer Vorstechnadel oder einer Radiernadel durchstechen. Ist das Loch in der Kartonfigur erst einmal vorhanden, kann es ohne Kartonunterlage durch tieferes Einstechen und gleichzeitiges Drehen des Stechgegenstandes vergrößert werden.

Zum Aufhängen der Mobiles empfiehlt sich farblich passendes, dünnes Nähgarn.

Piepmatz

Vogel ca. 15,5 cm hoch

Vorlagen: Seite 71

Dieser farbenfrohe Vogel aus Regenbogen-Tonkarton ist ganz einfach zu basteln: Den Flügel und den Schnabel anbringen, aus dem Auge ein kleines Loch ausstanzen und ebenfalls fixieren. Schon bringt der kleine Sänger ein Ständchen.

Im Pferdestall

Motiv ca. 15,5 cm hoch

Vorlagen: Seite 98

Ein eigenes Pferd bleibt für viele ein Traum. Mit Tonkarton und Schere kann er Wirklichkeit werden. Als erstes wird das Fachwerk hergestellt. Schneiden Sie mit dem Cutter auf einer geeigneten Schneideunterlage zunächst die kleinen Innenflächen und dann die großen Innenflächen heraus. Nun folgt die äußere Kontur, für die Sie eine Schere verwenden können. Nachdem Sie das Haferstroh von hinten an der Futterkrippe befestigt haben, kann das Fachwerk mit weißem Karton hinterklebt werden. Der Trakehnerhengst erhält die beiden Mähnenteile und den Schweif. Malen Sie sein Gesicht auf. Schwarze Linien grenzen die Hufe und die Vorder- bzw. Hinterbeine voneinander ab. Die Hufe werden mit Filzstift dunkelbraun angemalt. Anschließend wird der Stallboden von vorne mit dem Strohteil ausgelegt und der Hengst in den Stall gestellt. Haben Sie schon einen Namen für Ihr Pferd?

Frühlingsidylle

Motiv ca. 19 cm hoch

Vorlagen: Seite 72

Wie schön ist es doch in der warmen Frühlingssonne! Auf die weiße Rahmeninnenfläche kleben Sie zuerst das hellblaue Quadrat und darauf die etwa halb so große Wiesenfläche. Am Himmel werden noch die Sonne und die Wolken angebracht.

Die Schafe bestehen jeweils aus drei Teilen. Der braune Kopf wird von hinten, das Ohr von vorne am weißen Rumpf befestigt. Nun malen Sie die Gesichter auf.

Abschließend werden die Schafe und die Wacholderbüsche auf der Wiese angeordnet.

Susannas neue Schleife

Gans ca. 24 cm hoch

Vorlagen: Seite 73

Stolz führt Susanna allen ihre neue Schleife vor. Auge, Schnabel und Flügel werden aufgeklebt. Dann wird ein Bein von vorne und eines von hinten am Körper befestigt. Den weißen Lichtreflex im Auge können Sie mit einem Lackstift einzeichnen. Nun fehlt nur noch die rote Schleife. Sieht sie nicht schick aus?

Schlaf gut!

Motiv ca. 20 cm hoch

Vorlagen: Seite 99

Erschöpft vom Eierlegen ist Henriette eingeschlafen. Nachdem Sie Flügel, Kamm, Schnabel und Kehllappen befestigt haben, kann es sich Henriette im Stroh gemütlich machen. Mit einem schwarzen Stift das geschlossene Auge andeuten. Wovon Henriette wohl träumt?

Im Katzenkorb

Motiv ca. 18 cm hoch

Vorlagen: Seite 74

Minka hat Nachwuchs bekommen. An der Öffnung des pinkfarbenen Katzenkorbes (durchgezogene Linie) von hinten zuerst den Rumpf des vordersten Katzenkindes (Strichpunktlinie) und dann den der Mutter (gestrichelte Linie) fixieren.
Nachdem Sie die Gesichter aufgemalt haben, erhält jedes Kätzchen eine Schleife. Nun den bemalten Kopf der Mutter von vorne anbringen. Darunter zwei weitere Köpfe und zwei Pfoten befestigen. Das dritte Katzenkind wird von hinten am Rücken der Katzenmutter fixiert. Anschließend das lila Rückenteil des Korbes (gestrichelte Linie) ankleben. Den gefüllten Futternapf von vorne am Korb anbringen.
Wenn Sie möchten, können Sie zusätzlich die Konturen der Schleifen und das Katzenfutter mit Plusterfarbe verzieren.

Murmel, das Meerschweinchen

Meerschweinchen ca. 13 cm hoch

Vorlagen: Seite 75

So ein Apfel ist eine vitaminreiche Delikatesse. Murmel erhält von vorne ein Auge, ein Ohr mit weißer Innenfläche und eine große, weiße Fellfläche. Die Pfoten werden von hinten befestigt. Nun können Sie Murmel noch bemalen. Dann wird der Apfel zusammengesetzt. Mmh, das schmeckt!

Im Gänsemarsch

Motive ca. 10,5 cm hoch

Vorlagen: Seite 67

Gänse am laufenden Band! Auf Seite 5 wird erklärt, wie die Faltbänder aus Tonpapier hergestellt werden. Wird das Herz separat gearbeitet, zum Beispiel zur Dekoration des Grases, gilt die gestrichelte Vorlage.

Kikeriki

Hahn ca. 23 cm hoch

Vorlagen: Seite 76

Laut erschallt der Ruf des farbenprächtigen Hahnes. Er ist zwar etwas aufwendiger nachzuarbeiten, dafür erhalten Sie aber auch ein stimmungsvolles Fensterbild, das nicht jeder hat.
Das Motiv wird Fläche für Fläche mit dem Cutter von einer Seite zur anderen freigelegt (Anleitung Seite 12). Aus Stabilitätsgründen wird die äußere Kontur erst zum Schluß mit der Schere ausgeschnitten.
Bei der Arbeit mit dem Cutter sollten Sie auf eine geeignete Schneideunterlage achten.

TIP *Falls Sie im Umgang mit dem Cutter noch nicht so geübt sind, empfiehlt es sich, die Vorlage mit dem Fotokopierer zu vergrößern. Dies erleichtert das Herausschneiden und Hinterkleben der kleinen Flächen.*

Die Kirschen sind reif

Motiv ca. 18,5 cm hoch

Vorlagen: Seite 77

Bei solch leckeren Kirschen kann keine Amsel widerstehen. Fertigen Sie zunächst den Rahmen an. Schneiden Sie mit dem Cutter auf einer geeigneten Schneideunterlage erst die rechteckigen Innenflächen des Rahmens heraus, dann die vier Flächen in der Rahmenmitte. Die äußere Kontur können Sie mit der Schere ausschneiden.

Nun werden die Kirschen am Zweig fixiert. Die Blätter können sowohl von vorne als auch von hinten an den Zweigen befestigt werden.

Eine der beiden Amseln wurde gekontert, d. h., die Schablone wurde seitenverkehrt auf den Tonkarton aufgelegt. Ansonsten sind die beiden Feinschmecker identisch. Ihre Augen werden mit der Lochzange aus weißem Tonkarton ausgestanzt, beim Aufkleben ist eine Pinzette sehr hilfreich. Abschließend werden noch die schwarzen Pupillen auf die Augen gemalt. Jetzt können es sich die beiden schmecken lassen.

Bunte Falter

Schmetterlinge ca. 19 cm hoch

Vorlagen: Seite 62

Bei diesen leuchtend bunten Schmetterlingen aus Regenbogen-Tonkarton können Sie zwischen zwei Varianten wählen:
Die einfache Version, die Sie auf Seite 3 verkleinert abgebildet sehen, besteht nur aus einem Flügel (gestrichelte Linie) und einem Rumpfteil (punktierte Linie).

Bei den hier abgebildeten Schmetterlingen kleben Sie auf das Flügelteil noch ein zusätzliches Vorderteil (durchgezogene Linie) mit vier herausgeschnittenen Innenflächen. Zwei dieser herausgetrennten Innenflächen werden als Dekoration auf die Hinterflügel geklebt.
Und schon können sich die bunten Falter an Ihrer Fensterscheibe niederlassen.

Ahoi!

Walroß ca. 25 cm hoch

Vorlagen: Seite 100

Genüßlich schmaucht der alte Seemann seine Pfeife. Am runden Kopf zuerst die zweiteilige Schirmmütze anbringen. Als nächstes das Nasen-Bartteil (durchgezogene Linie) fixieren. Von hinten werden die beiden langen Eckzähne und die Pfeife befestigt. Mit einem schwarzen Filzstift Augen und Nasenlöcher aufmalen.
Am Pullover (gestrichelte Linie) kleben Sie von vorne zunächst den Rollkragen (durchgezogene Linie) und dann den Kopf an. Die Hose samt Schuhen wird von hinten am Pullover angebracht.
Auf der dunkelbraunen Bodenplatte (durchgezogene Linie) in der Mitte den Pfosten fixieren. Ein kleinerer Holzblock (Strichpunktlinie) stabilisiert den Pfosten an der Basis. Am Pfosten von hinten das Steuerrad befestigen. Den Seemann mit den Schuhen auf die Bodenplatte hinter das Steuerrad stellen und ankleben. Die beiden Hände jeweils auf eine Speiche des Steuerrads legen und fixieren. Nun noch die Punkte beispielsweise mit einem Lackstift auftupfen. Und dann heißt es: Volle Fahrt voraus!

Alle meine Entchen

Motiv ca. 19 cm hoch

Vorlagen: Seite 101

Strahlend blauer Himmel mit weißen Wolken und wenig Seegang, das ist das ideale Wetter, um dem Nachwuchs eine Einführung in die Regeln der Binnenschiffahrt zu geben.
Die Innenfläche des Rahmens mit dem Cutter auf einer geeigneten Unterlage herausschneiden. Nun werden die Wolken am Rahmenhimmel fixiert.
Bei der Entenmama Schnabel, Auge, Flügel und Mützenband ankleben. Bei den Küken ebenfalls Schnabel, Auge und Flügel anbringen. Die Lichtpunkte in den Augen mit einem weißen Lackstift setzen. Anschließend werden die zweiteiligen Matrosenmützen auf den Kopfhöckern der Küken fixiert.
Nun müssen Sie die Entenfamilie nur noch auf der Wasserfläche des Rahmens befestigen, dann schwimmen alle Ihre Entchen auf dem See.

In den Meerestiefen

Krabben ca. 8 cm hoch

Fische ca. 15 cm hoch

Vorlagen: Seite 71

Krebse, Fische, Seenelken und Schnecken tummeln sich in den Tiefen des Meeres. Die Faltbänder aus Tonpapier lassen sich ganz leicht nacharbeiten. Eine Anleitung finden Sie auf Seite 5.

Regenbogenfische

Fisch ca. 23 cm lang

Vorlagen: Seite 78

Kunterbunt sind diese Meeresbewohner. Jeder Fisch besteht aus zwei Teilen. Fertigen Sie die beiden Schablonen an (durchgezogene Linie und Strichpunktlinie). Aus der kleineren Schablone (Strichpunktlinie) werden die halbkreisförmigen Schuppen mit dem Cutter herausgeschnitten (auf einer geeigneten Unterlage).

Übertragen Sie die Konturen der beiden Schablonen mit einem Bleistift auf Regenbogen-Fotokarton. Nun werden die beiden Teile ausgeschnitten. Bei den Schuppen wird jeweils nur die halbkreisförmige Strichpunktlinie nachgeschnitten. Die senkrechten, gestrichelten Linien werden nur angeritzt und auf die andere Seite durchgedrückt.
Kleben Sie die beiden Teile aufeinander, und bringen Sie noch die Augen an. Nun steht einer Umwandlung Ihrer Fensterscheibe in ein buntes Aquarium nichts mehr im Wege.

Ich bin noch hellwach

Motiv ca. 21 cm hoch

Vorlagen: Seite 102

So sagen alle kleinen Kinder. Doch das ist wohl nur ein schöner Traum. Längst hat das rechte Küken seine Augen geschlossen.
Die Zweige werden als ein Teil mit dem Cutter auf einer geeigneten Schneideunterlage herausgearbeitet und auf der Bodenfläche fixiert.
Bei den kleinen Gänsen zuerst die Schnäbel ankleben, die Augen und Nasenlöcher werden aufgemalt. Die Flügel von vorne, die Füße von hinten am Rumpf befestigen. Dann können Sie die Küken auf der Bodenfläche plazieren. Nun schlaft recht schön!

Schwanensee

Motiv ca. 29 cm Durchmesser

Vorlagen: Seite 79

Einsam zieht der Schwan auf dem Seerosenteich seine Runden. Am Kopf des stolzen Tieres bringen Sie zuerst das schwarze Schnabelteil an. Darauf wird das etwas kleinere, orangerote Schnabelteil geklebt. Anschließend befestigen Sie den Flügel. Das Auge malen Sie mit einem Tuschefüller oder einem Filzstift auf.
Die Seerosenblüten bestehen jeweils aus drei Teilen: Auf dem größeren Teil (durchgezogene Linie) werden die beiden kleineren Teile (gestrichelte und punktierte Linien) fixiert.
Mit dem Zirkel einen Kreis mit dem Radius 14,7 cm auf Regenbogen-Karton zeichnen und ausschneiden.
Wenn der Schwan auf dem Rahmen aus Regenbogen-Karton seinen Platz gefunden hat, werden die Seerosenblätter und -blüten arrangiert.

Eine Seefahrt, die ist lustig ...

Motiv ca. 23 cm hoch

Vorlagen: Seite 103

Ein Segeltörn ist eine herrliche Sache! Die Matrosenmütze des kleinen Seebären besteht aus einem blauen Teil (gestrichelte Linie), auf das das weiße Teil (punktierte Linie) geklebt wird. Nun können Sie sie dem Bären (durchgezogene Linie) aufsetzen.
Kleben Sie das Schnauzenteil am Kopf an, und malen Sie das Bärengesicht auf. Nachdem Sie das weiße Hemd (gestrichelte Linie) mit der Schleife angebracht haben, wird der Matrose von hinten an das rote Boot geklebt.
Auf das gelbe Segelteil muß noch der schwarze Mast gemalt werden. Vergessen Sie das Fähnchen nicht. Kleben Sie das Segelteil von hinten an das Boot und den Bären.
Jetzt kann das Boot auf der Wasserfläche befestigt werden, aus der ein bemalter Fisch herausschaut. Welche Ratschläge der Fisch dem kleinen Bären wohl mit auf seine Reise gibt?

Nilpferd-Mobile

Motiv ca. 21 cm hoch

Vorlagen: Seite 80

An einem heißen Sommertag ist ein kühles Bad genau das Richtige. Am nierenförmigen Schnauzenteil der Nilpferde wird jeweils von hinten der halbkreisförmige Unterkiefer (punktierte Linie) bzw. der Kopf (gestrichelte Linie) angeklebt. Anschließend wird das Schnauzenteil am Rumpf befestigt. Malen Sie Augen und Nüstern auf.
Auf den blauen Rahmen kleben Sie die gelbe Sandbank sowie Sonne und Wolken. Ein Nilpferd schwimmt bereits im Wasser.
Die anderen beiden Nilpferde werden an den Rahmen gehängt. Die Aufhängelöcher werden vorgestochen und Fäden angebracht (Anleitung Seite 18).
Mit Pluster-Pen können Sie noch die Ränder der Sandbank und der Wolken nachziehen und Kreise im Wasser andeuten. Ein herrlicher Sommertag!

Gepanzerte Sonnenanbeterin

Motiv ca. 15,5 cm hoch

Vorlagen: Seite 104

Ganz viel Sonne wünscht sich diese Schildkröte. An den Schildkrötenpanzer kleben Sie von hinten zuerst das Beinpaar und dann das Kopf-Schwanz-Teil. Das Auge kann entweder aufgemalt oder ausgeschnitten und aufgeklebt werden. Der Lichtreflex auf dem Auge wird mit einer Lochzange herausgestanzt oder mit einem weißen Lackstift aufgetupft.
Nun wird die Schildkröte zusammen mit den Blüten auf den Rahmen geklebt. Die weißen Blüten können Sie auch mit einer Zackenschere ausschneiden.

Rüsseltiere

(Abbildung Seite 1)

Motive ca. 11,5 cm hoch

Vorlagen: Seite 61

Elefanten sind Herdentiere. Mit Hilfe von Faltbändern läßt sich schnell eine ganze Herde ans Fenster zaubern.
Wie die Bänder aus Tonpapier angefertigt werden, erfahren Sie auf Seite 5.

Hallo, mein Kleines

Elefantenvater ca. 14 cm hoch

Vorlagen: Seite 81

Liebevoll kümmert sich der Elefantenvater um seinen Nachwuchs. Legen Sie den Kopf des Vaters an den Rumpf an, und kleben Sie die Ohren auf. Anschließend werden die Stoßzähne befestigt.

Beim Elefantenkind fixieren Sie nur das Ohr. Augen, Mund, Schwanz und Zehennägel werden bei beiden Elefanten aufgemalt. Kleben Sie den kleinen Elefanten wie abgebildet an den großen.

TIP *Dieses Fensterbild ist auch ein schönes Geschenk zur Geburt oder Taufe.*

Wir hangeln uns von Ast zu Ast

Schimpansen ca. 33 cm hoch

Vorlagen: Seite 82

Ganz lässig hangeln sich die beiden Schimpansen an der Scheibe entlang. Als Äste dienen 2 cm breite Tonkartonstreifen. Beim Übertragen der Vorlage die Affenarme an den gestrichelten Stellen ansetzen. Kleben Sie die Gesichtsteile und die Ohren auf. Dann wird das Gesicht bemalt.

Siesta in der Savanne

Löwen ca. 16 cm hoch

Vorlagen: Seite 105

Zärtlich nähert sich das Löwenmännchen seiner Frau. Bringen Sie zunächst am Löwenkörper Mähne, Ohr und Schwanzquaste an. Bei der Löwin werden Ohren, Hinterbein und Schwanzquaste befestigt.

Mit einem feinen schwarzen Filzstift die Gesichter und Trennlinien aufzeichnen. Die Zunge des Löwen mit Filzstift rot anmalen. Ordnen Sie zuletzt das Paar, wie auf dem Foto abgebildet, auf der Grünfläche an.

Kakadu & Co.

Kakadus ca. 12 cm hoch

Schnecken ca. 8,5 cm hoch

Eichhörnchen ca. 11 cm hoch

Vorlagen: Seite 83

Diese tierisch tollen Bänder bringen Farbe ins Fenster. Wie die Faltbänder aus Tonpapier hergestellt werden, erfahren Sie auf Seite 5.

Am Eichhörnchenkobel

Motiv ca. 20 cm Durchmesser

Vorlagen: Seite 106

Eifrig tuscheln die beiden Eichhörnchen miteinander. Beginnen Sie beim Ausschneiden mit dem Rahmen: Zuerst werden die kleinen Innenflächen mit dem Cutter auf einer geeigneten Schneideunterlage herausgeschnitten.
Nachdem Sie auch die Flächen zwischen den Ästen und dem Rahmen freigelegt haben, können Sie die äußere Kontur mit der Schere ausschneiden.
Zeichnen Sie mit dem Tuschefüller die Gesichter der Eichhörnchen auf. Die Ohren werden mit kleinen, weißen Innenflächen beklebt.
Schneiden Sie aus dem Nest mit dem Cutter die Öffnung (gestrichelte Linie) heraus; der Eichhörnchenkopf wird von hinten an dieser Nestöffnung angeklebt.
Nun kann das Nest auf dem Rahmen befestigt werden. Das andere Eichhörnchen hält sich am Nest oder am Ast fest. Was für Neuigkeiten es wohl gibt?

Lecker!

Motiv ca. 28 cm hoch

Vorlagen: Seite 107

Zuerst werden die weißen Klebepunktaugen (ø 8 mm) angebracht. Nun können Sie das Gesicht der kleinen Schnecke aufmalen. Die Zunge wird entweder aufgeklebt oder aufgemalt. Jetzt befestigen Sie das Haus mit den aufgemalten Windungen auf dem Schneckenrücken. Zum Schluß steckt die Schnecke ihren Kopf durch das Loch des Blattes, durch das sie sich durchgefressen hat. Mmh, das war lecker!

Der kleine Gärtner

Teddy ca. 22 cm hoch

Vorlagen: Seite 95 und 96

Sorgfältig gießt der Bär seine Blumen. Auf der Wiesenfläche werden Zaun und Sonnenblume angebracht.
Die Sonnenblume besteht aus drei Teilen: Auf das ovale Ende des Stengels (punktierte Linie) den gelben Blütenstern und darauf die braune Blütenmitte kleben. Ein bemalter Schmetterling leistet der Blume Gesellschaft.
An der grünen Jacke des Bären (durchgezogene Linie) von hinten Kopf und Hose befestigen. Bevor die beiden Hosenbeine, leicht versetzt, von hinten an der Jacke fixiert werden, müssen Sie die Stiefel aufkleben. Der Bärenhut erhält ein rotes Band, das entweder aufgemalt oder aufgeklebt wird.
Als nächstes wird der Bär an Grasfläche und Zaun angeklebt. Anschließend den Ärmel samt Hand sowie die Gießkanne plazieren. Wassertropfen und Pfütze können Sie nach Belieben mit einem blauen Filzstift aufmalen und eventuell mit einem spitzen Bleistift konturieren.

Erntetanz der Mäuse ...

Mäuse mit Federn ca. 14 cm hoch

Mäuse mit Äpfeln ca. 8,5 cm hoch

Vorlagen: Seite 84

Die Herbstzeit ist die schönste Zeit, denn da gibt es Früchte im Überfluß. Sobald alle Äpfel eingesammelt sind, können sich die Mäuschen zum Erntereigen versammeln. Die Faltbänder aus Tonpapier werden so hergestellt, wie auf Seite 5 beschrieben.

... und der Igel

Igelfamilie ca. 6 cm hoch

**Igel mit Äpfeln
ca. 8 cm und 11 cm hoch**

Vorlagen: Seite 85

Auch die Igel freuen sich über das viele Fallobst. Die Anleitung für die Faltbänder aus Tonpapier finden Sie auf Seite 5.

Was gibt's Neues?

Reh ca. 19 cm hoch

Vorlagen: Seite 108

Gespannt lauscht das Reh den Erzählungen des Vogels. Schneiden Sie alle Teile einmal aus. Nur der Pilz wird viermal benötigt. Kleben Sie die Tannen und den Baumstumpf auf das Wiesenstück.
Malen Sie mit einem schwarzen Filzstift dem Reh Auge, Nase und Maul auf, und färben Sie die Hufe ebenfalls schwarz.

Fixieren Sie das Reh so auf dem Waldboden, daß es auf den Baumstumpf blickt. Vogel und Pilze nicht vergessen. Was der Piepmatz wohl für Neuigkeiten auszwitschert?

Darf ich auch mal abbeißen?

Fensterbild ca. 17 cm hoch

Faltband ca. 12 cm hoch

Vorlagen: Seite 86

Zwei Häschen leisten dem Schneemann Gesellschaft. Wie das Faltband aus Tonpapier gearbeitet wird, erfahren Sie auf Seite 5 (die Vorlage endet an den gestrichelten Linien). Bei diesem Motiv sollten Sie unbedingt die Innenschnitte (Konturen des Schals) mit dem Cutter verbreitern. Denken Sie dabei an eine geeignete Schneideunterlage.

Das Motiv mit dem halbkreisförmigen Rahmen übertragen Sie am besten mit Hilfe eines Zirkels auf Tonkarton. Das kleine Kreuz auf der Vorlage markiert die Einstichstelle für den Zirkel.

Erster Advent

Motiv ca. 25 cm hoch

Vorlagen: Seite 87

Zuerst wird die Schnecke mit Mütze und dreiteiligem Schal warm eingepackt. Anschließend bringen Sie die zweiteiligen Fühler an. Weiße Klebepunkte (ø 8 mm) werden als Augen aufgeklebt. Malen Sie das Gesicht und die Windungen des Schneckenhauses auf.
Nun kann das Schneckenhaus samt brennender Kerze angebracht werden. Der Kerzenschein besteht aus einem Kreis mit dem Radius 4,9 cm.
Ob der Schnecke jetzt ein Licht aufgeht?

Bärenweihnacht

Motiv ca. 26 cm hoch

Vorlagen: Seite 88

Was für eine Bescherung! Am Bärenkopf das runde Schnauzenteil aufkleben und dann das Gesicht aufmalen. Kopf, Fußsohlen (zweiteilig), Schleife und der linke Arm werden auf den blauen Rumpf geklebt.
Anschließend die beiden Hände anbringen, wobei der Tannenzweig unter die linke Hand gehört. Nun an den Paketen die Bänder fixieren.
Setzen Sie den Teddy auf das größte Paket, und ordnen Sie davor die kleineren Pakete an. Den Paketstapel mit dem Bären am Tannenbaum befestigen. Bei der brennenden Kerze werden Flamme und Docht aufgemalt. Die Kerze auf der Bärenhand fixieren. Abschließend den Baum mit Sternen bekleben.
Mal sehen, wie lange es dauert, bis der kleine Bär seine Geschenke auspackt.

Die Flötenmaus

Maus ca. 20 cm hoch

Vorlagen: Seite 89

Völlig konzentriert spielt die Maus Querflöte. Auf den Kopf den zweiteiligen Haarschopf kleben. Das Auge sowie die Innenohren aufmalen und die Nase aufkleben.

Zuerst den Ärmel samt linkem Arm am Hemd fixieren, dann die Querflöte dazwischenschieben und schließlich den Kopf ankleben. Der rechte Arm wird von hinten angebracht.

Als nächstes, ebenfalls von hinten, die Hose samt Schwanz befestigen. Die gelben Hosenaufschläge verdecken die Klebestellen der Beine.

Abschließend wird das Hemd noch mit aufgeklebten Flicken verziert. Kurze, schwarze Striche deuten das Nähgarn an.

Wenn Sie möchten, können Sie mit Pluster-Pen den Haarschopf anmalen und die Säume von Hemd und Hose betonen. Jetzt kann die Maus an Ihrem Fenster ein Flötenkonzert geben.

Die Katze schlägt den Takt

Katze ca. 16 cm hoch

Vorlagen: Seite 89

Mit großer Begeisterung begleitet die Katze die Flötistin. An der rechteckigen Trommel an Ober- und Unterseite jeweils einen schmalen, gelben Randstreifen aufkleben. Die beiden Randstreifen durch aufgemalte Zickzacklinien verbinden.
Am Katzenkörper den linken Arm und das linke Bein anbringen. Geben Sie die Stöcke der Katze in die Hand. Beim rechten Arm wird ein extra Handteil (punktierte Linie) aufgeklebt. Die Trommel von hinten am Bein befestigen.
Augen, Schnurrbart und Schnäuzchen anmalen.

Schön kalt ist es hier

Pinguin ca. 12 cm hoch

Vorlagen: Seite 90

Über mangelnde Kälte können sich die zwei Herren im schwarzen Frack nicht beklagen. Die beiden Pinguine sind bis auf den Schnabel identisch.
Wenn Sie den weißen Rumpf (durchgezogene Linie) ausgeschnitten haben, malen Sie mit einem orangefarbenen Filzstift den Schnabel und den Fuß an. Kleben Sie nun das schwarze Kopf-Rückenteil (punktierte Linie) an. Es folgt der Flügel. Das Auge stanzen Sie mit einem Bürolocher aus weißem Papier aus und malen mit Filzstift einen schwarzen Punkt in die Mitte. Die Rückseite des Pinguins wird genauso gearbeitet.
Zum Schluß kleben Sie beide Pinguine auf die Eisscholle.

Eine rasante Fahrt

Motive ca. 10 und 11 cm hoch

Vorlagen: Seite 84

Sobald genügend Schnee liegt, wird die Rodelsaison eröffnet.
Schneiden Sie die Körper der Mäuschen aus grauem Karton aus. Die Mäuseohren bestehen jeweils aus einem großen, grauen und einem kleinen, weißen Kartonpunkt. Kleben Sie die Ohren leicht versetzt auf beiden Seiten des Kopfes an.

Der Schal wird ebenfalls auf Vorder- und Rückseite angebracht.
Nun den Schlitten ausschneiden. Setzen oder legen Sie die Maus darauf. Mit einem schwarzen Filzstift malen Sie noch Augen, Nase und Barthaare auf, dann heißt es: Schnee und Rodel gut!

Bello und Bella

Motiv ca. 21 cm hoch

Vorlagen: Seite 91

Voller Vorfreude warten Bello und Bella aufs Gassigehen. Zuerst legen Sie jedem Hund das Halsband um. Nun werden Ohr, Auge, Nase und Zunge angebracht.
Wenn es nicht so kalt ist, können Sie auf die Mütze verzichten.

Bevor Sie die Hunde in den Schnee setzen, zeichnen Sie mit einem schwarzen Filzstift noch Lachfältchen ein. Den weißen Punkt im Auge tupfen Sie mit Deckweiß oder einem Lackstift auf.

Willst du mitfahren?

Motiv ca. 29 cm Durchmesser

Vorlagen: Seite 90

Ob der Schneemann den Hasen wohl zum Rodeln mitnimmt? Für das Schneeflocken-Mobile zeichnen Sie mit Hilfe eines Zirkels einen Ring auf weißen Fotokarton. Der Durchmesser der Kreise beträgt 20 cm und 28,6 cm (Radius: 10 cm und 14,3 cm). Schneiden Sie den Ring aus.

Der blaue Hut erhält ein gelbes Band, bevor er dem Schneemann aufgesetzt wird. Nun kleben Sie die Rübennase an. Das Auge wird mit einem schwarzen Filzstift aufgemalt.
Bevor der Hase zusammen mit dem Schneemann auf den Schlitten gesetzt wird, müssen noch die Ohren aufgeklebt und das Auge und die Nase aufgemalt werden. Danach kleben Sie den Arm des Schneemannes an.

Am Innenrand des Kartonrings werden fünf Fäden befestigt. Jetzt wird der Schlitten am runden Rahmen angebracht. Aus Stabilitätsgründen kleben Sie einen Faden von hinten an den Hut des Schneemannes. Die anderen Fäden hängen entweder frei nach unten oder werden ebenfalls angeklebt.

Für die Schneeflocken weiße Tonpapierpunkte (ø 14 mm) ausschneiden und je zwei Punkte deckungsgleich auf die Fäden kleben. Schon schneit es.

TIP *Noch schneller geht es, wenn Sie für die Schneeflocken weiße Klebepunkte aus dem Bürofachhandel verwenden.*

Vögel im Winter

Motiv ca. 22 cm hoch

Vorlagen: Seite 92

In der kalten Jahreszeit, wenn der Schnee alle natürlichen Futterquellen zugedeckt hat, sind die Vögel auf unsere Unterstützung angewiesen. Dicht gedrängt sitzen sie auf einem Baum beim Futterhäuschen.

Dieses transparente Fensterbild wird auf die gleiche Art und Weise hergestellt wie der Osterhase auf Seite 13. Nachdem Sie die Flächen freigelegt haben, werden sie teilweise mit Transparentpapier hinterklebt (Anleitung Seite 12). Abschließend werden die Augen auf dem Transparentpapier fixiert. Hoffentlich wird bald ein Platz am Futterhäuschen frei!

Eulenpärchen

Herz ca. 19 cm hoch

Vorlagen: Seite 93

Eng aneinandergeschmiegt sitzen die beiden Eulen auf dem herzförmigen Rahmen.
An den Eulenköpfen werden die gelben Augen mit den aufgemalten Pupillen und die Schnäbel angebracht. Kleben Sie das hellbraune Brustteil auf. Dann kuscheln sich die Eulen aneinander – fixieren Sie sie dazu von hinten an dem Rahmen. Von vorne noch die Füße und die Sterne ergänzen. Wie man sieht: Herz und Weisheit schließen sich nicht aus, im Gegenteil – da kommt nur Gutes raus!

Katzenpärchen

Motiv ca. 16 cm hoch

Vorlagen: Seite 94

Bei solch einem stimmungsvollen Sternenhimmel wird die wildeste Katze zahm.
Zuerst werden die vier schmalen Flächen herausgeschnitten, die sich zwischen den beiden Wolken und der Umrahmung befinden. Es folgen die Gestirne. Nun den Rest der Wolken, abgesehen von den Verbindungsstellen zum Rahmen, freilegen. Schließlich die Katzen und zuletzt den Rahmen ausschneiden.

TIP *Das Eulen- und das Katzenpärchen sind auch ein hübsches Geschenk zur Verlobung oder Hochzeit.*

Rüsseltiere

Seite 1 und Seite 38

Bunte Falter

Seite 3 und Seite 29

Dompfaffenpärchen

Seite 10

Küken zwischen Schneeglöckchen

Seite 8

Weckruf für den Frühling

Seite 9

Wo warst du?

Seite 11

Die behalte ich selbst!

Seite 13

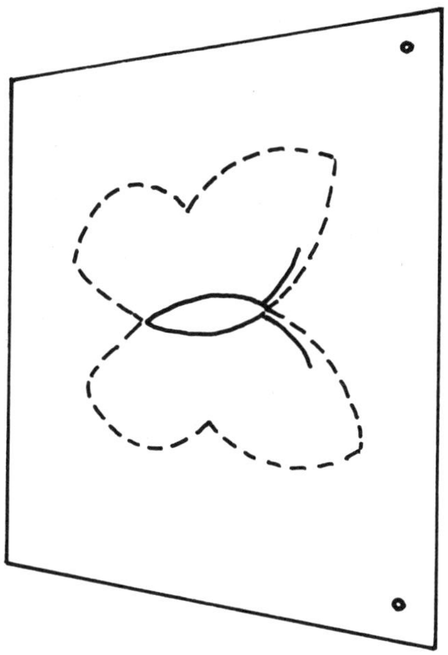

Im Gänsemarsch

Seite 26

Blumen-Eiltransport

Seite 14

Etwas Farbe gefällig?

Seite 15

... und Harry Hase als Bandornament

Seite 17

Harry Hase als Anhänger ...

Seite 16

Wir haben Hunger!

Seite 18

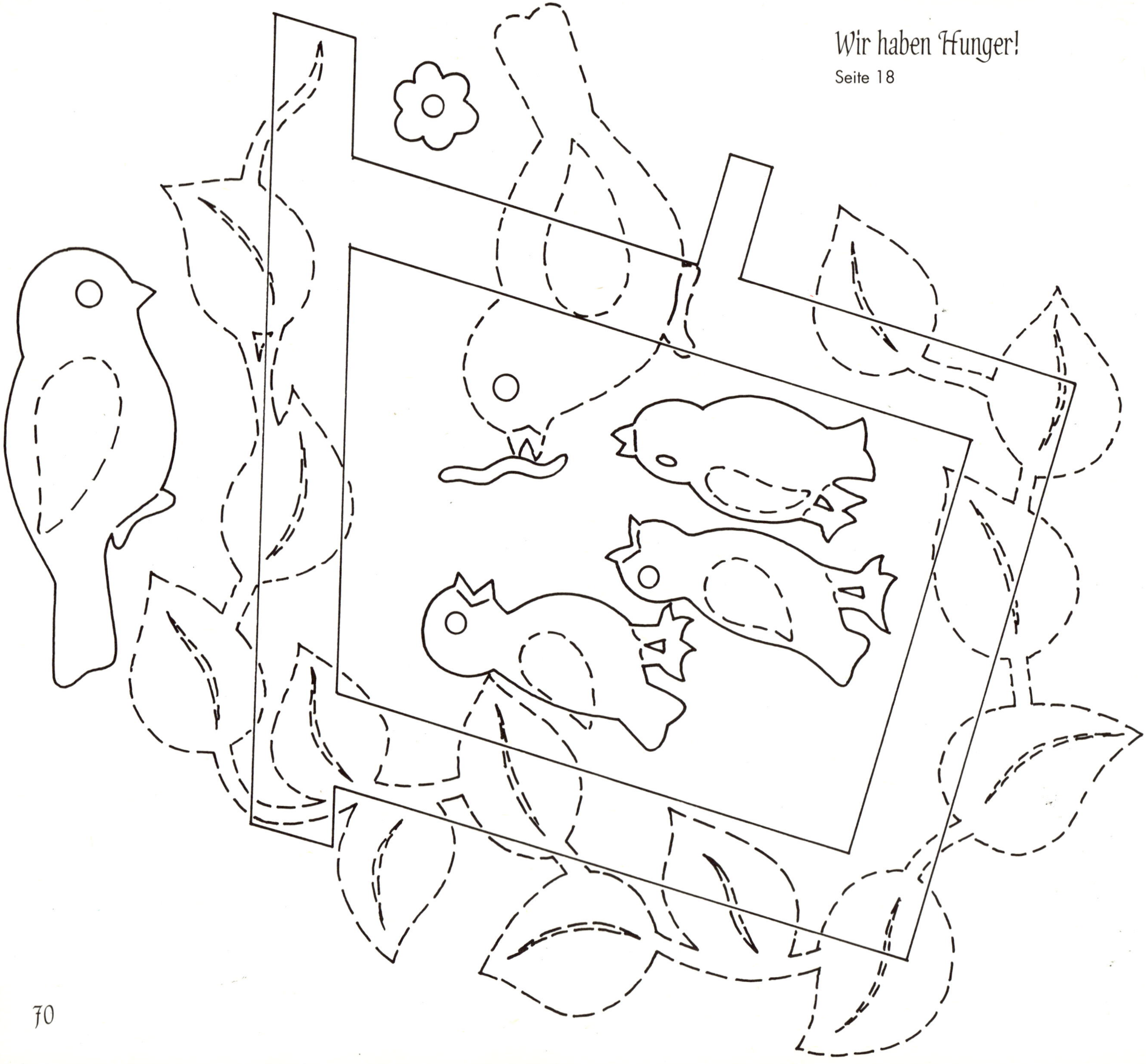

In den Meerestiefen

Seite 32

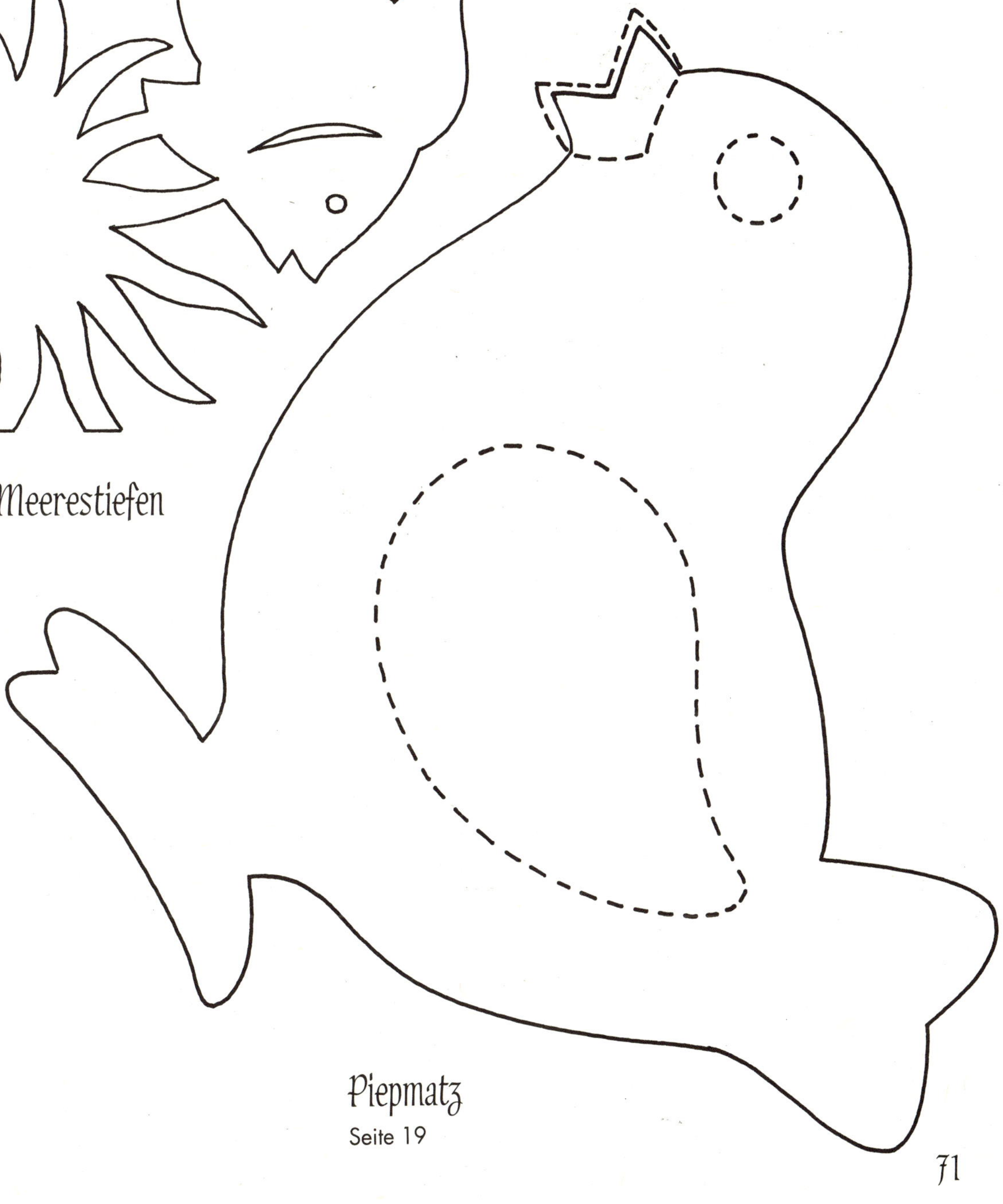

Piepmatz

Seite 19

Frühlingsidylle

Seite 21

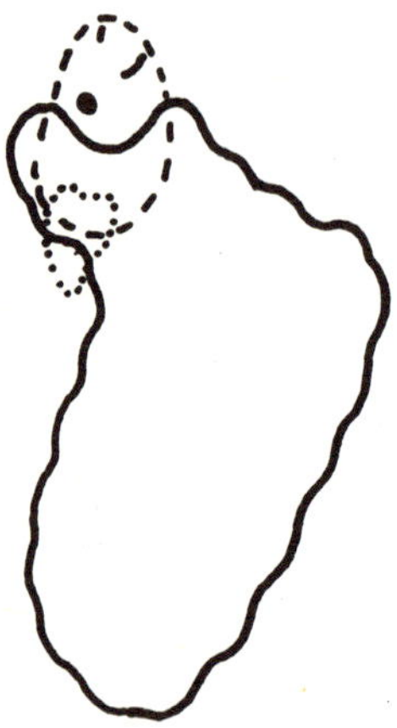

Susannas neue Schleife

Seite 22

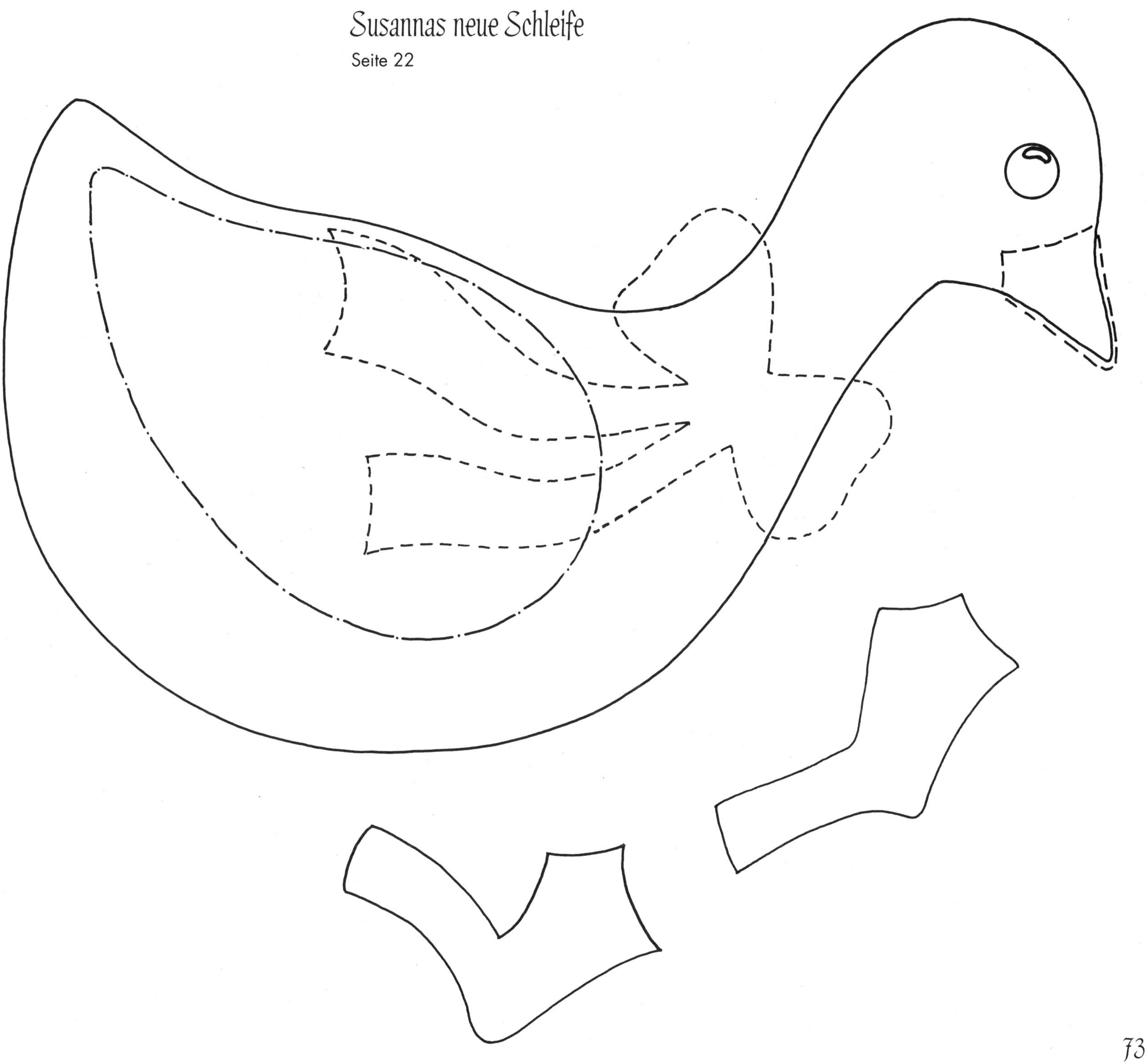

Im Katzenkorb

Seite 24

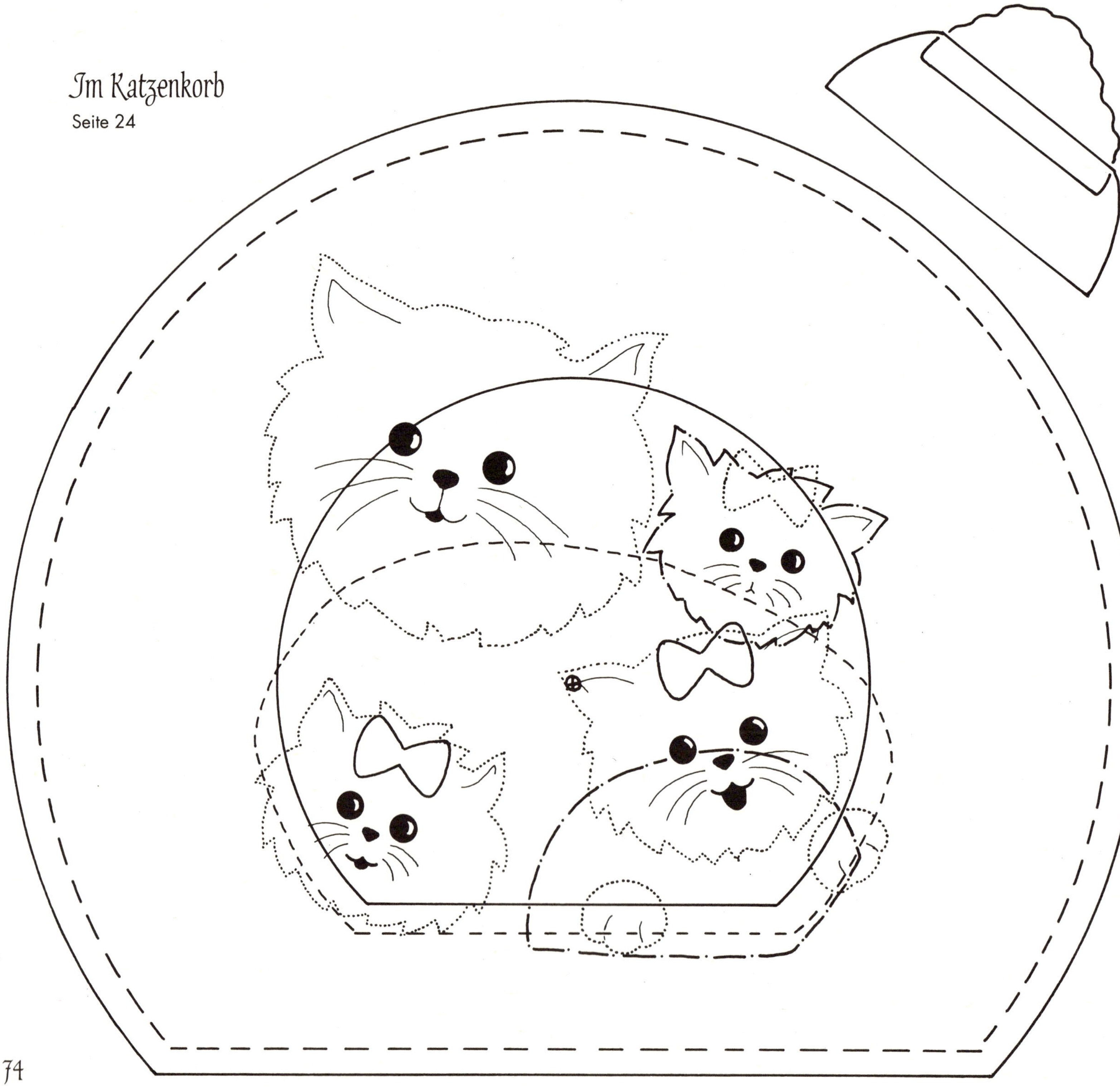

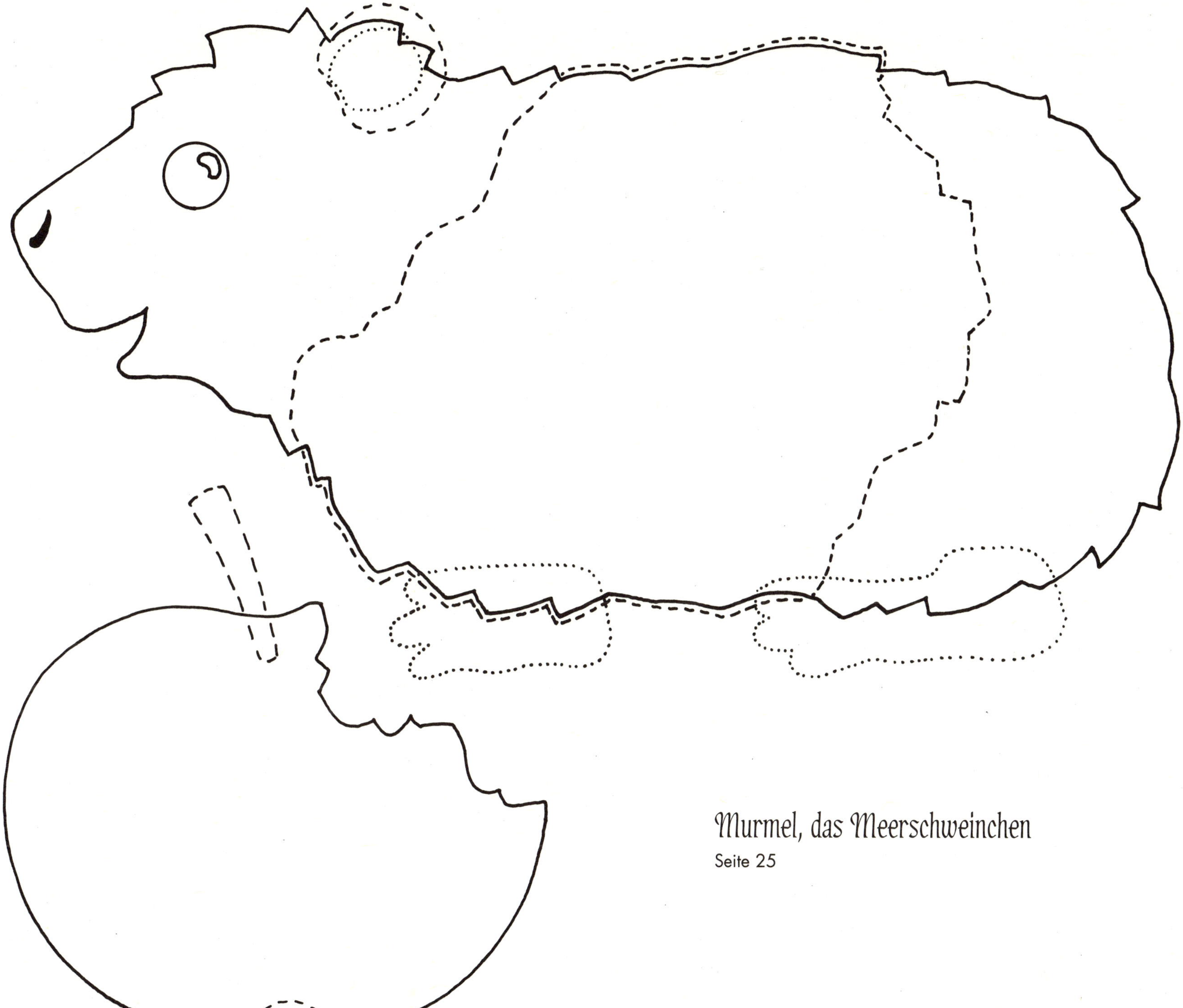

Murmel, das Meerschweinchen
Seite 25

Kikeriki

Seite 27

Die Kirschen sind reif

Seite 28

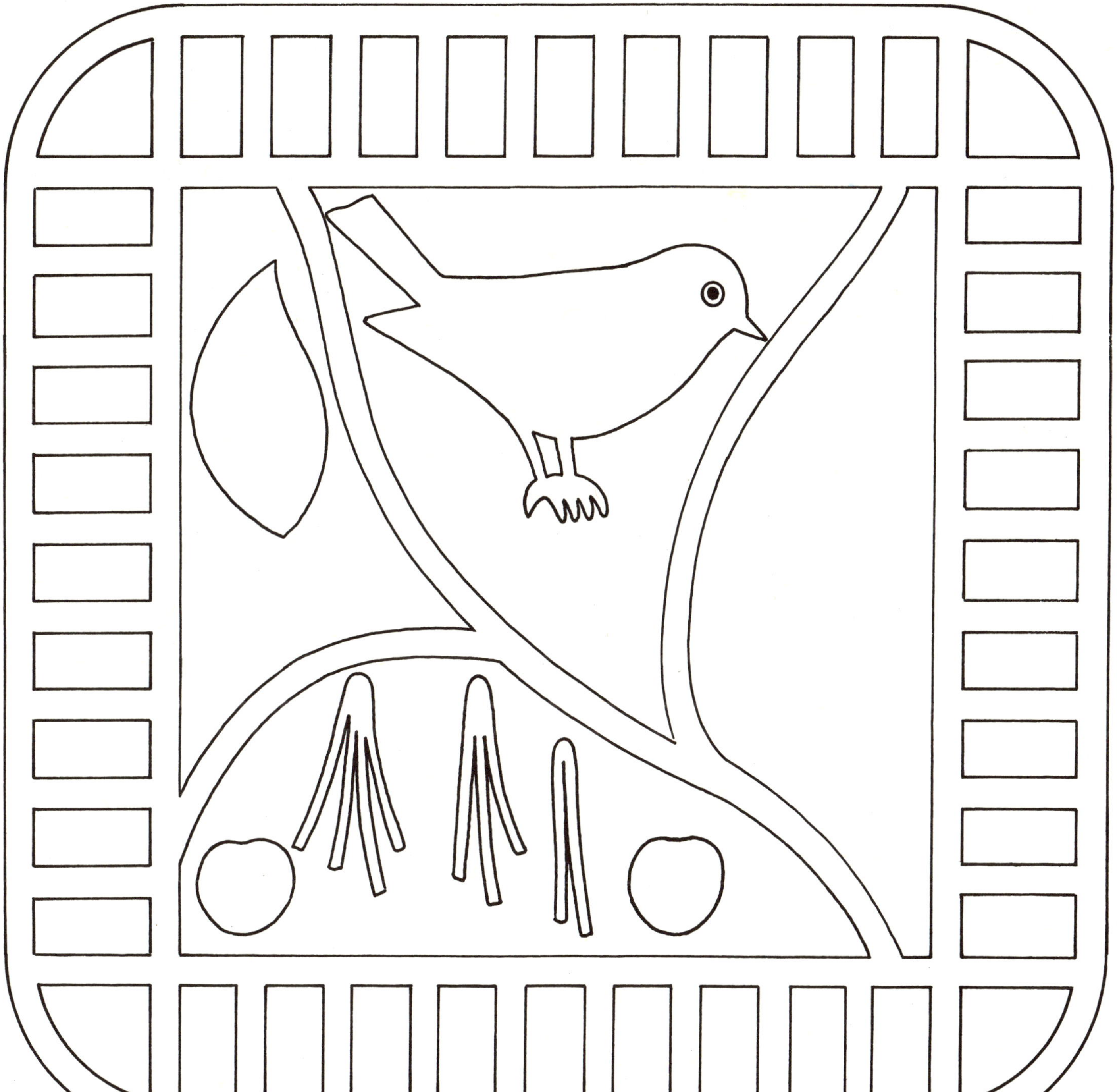

Regenbogenfische

Seite 33

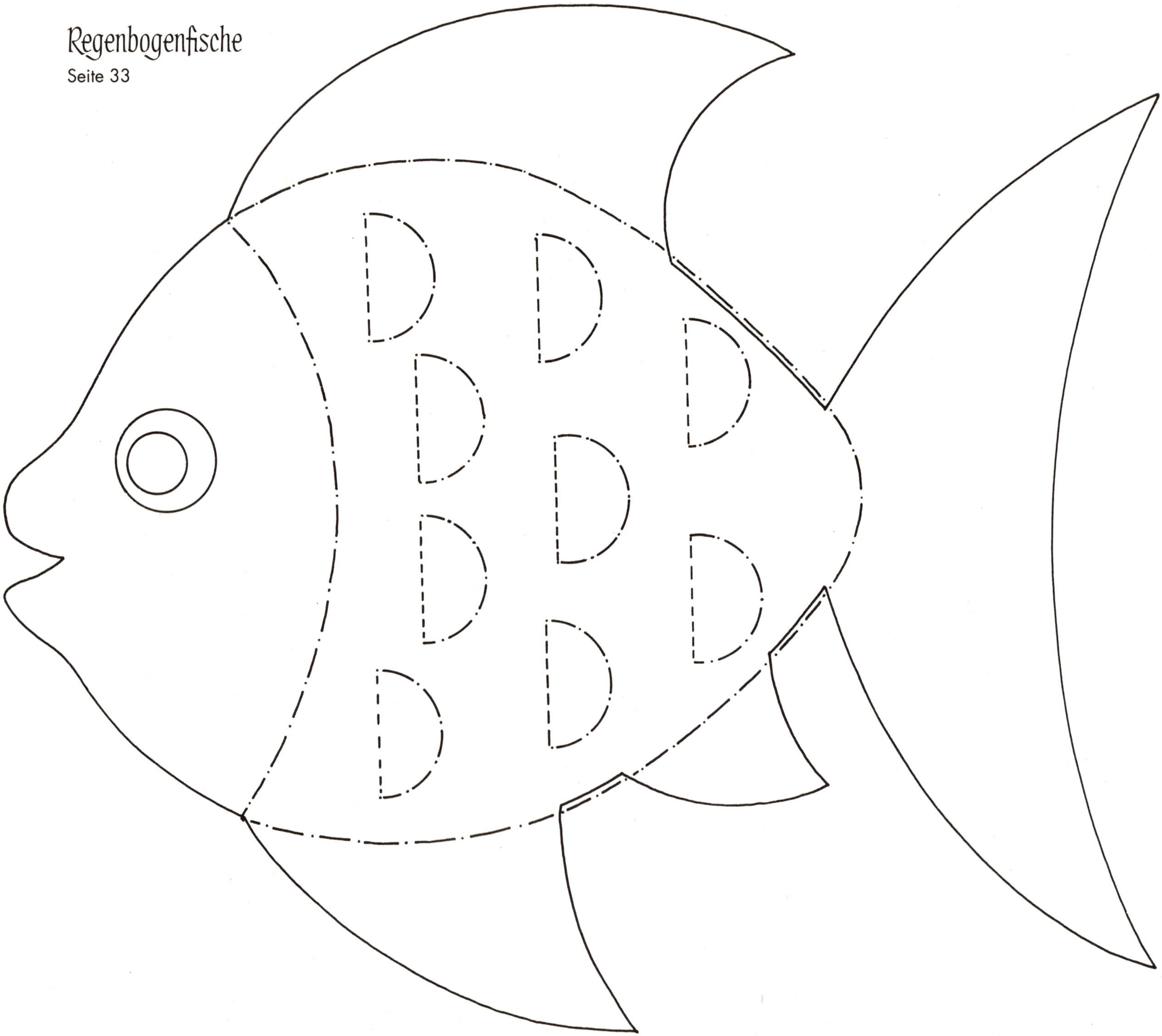

Seite 35

Den runden Rahmen mit dem Zirkel ergänzen. Die Einstichstelle ist durch ein kleines Kreuz markiert.

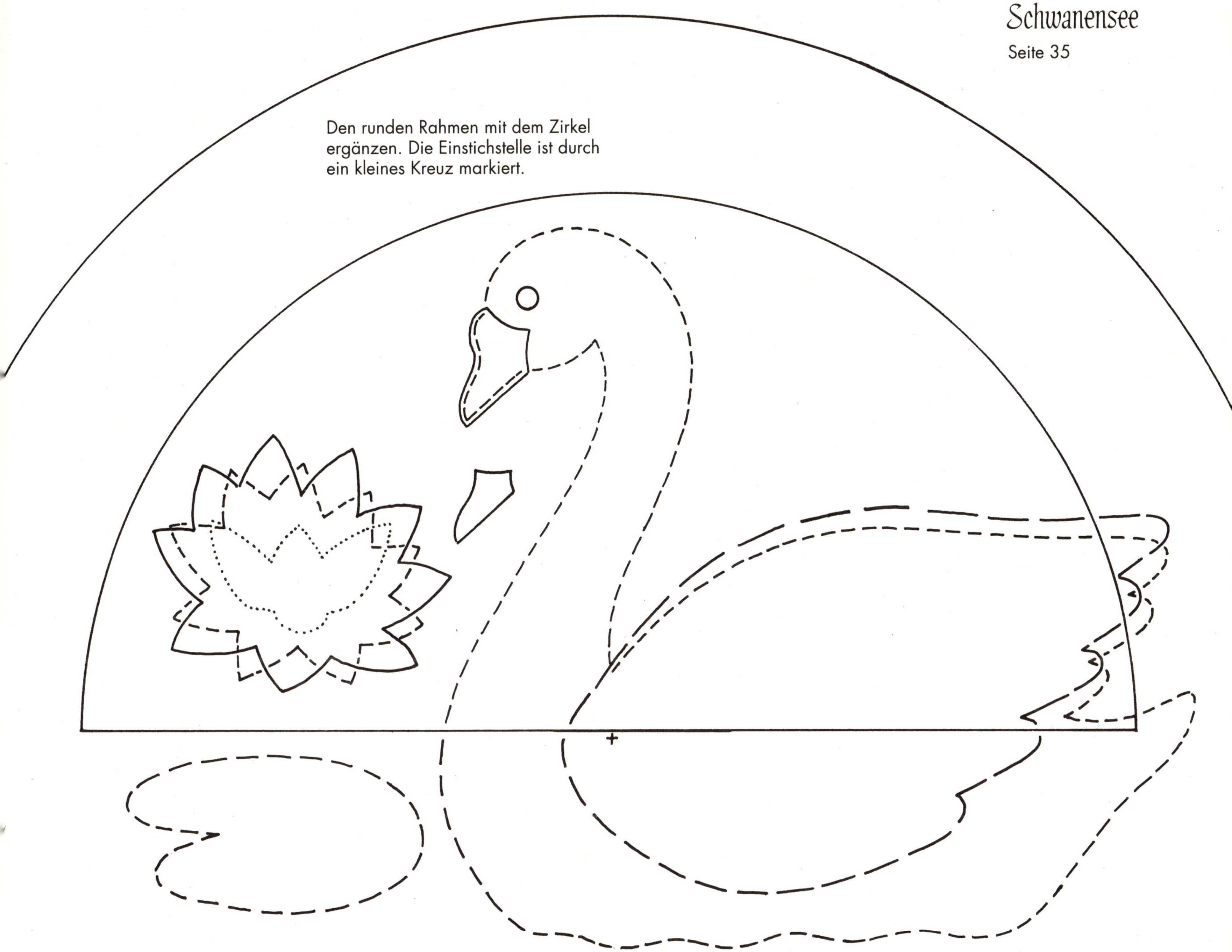

Nilpferd-Mobile

Seite 37

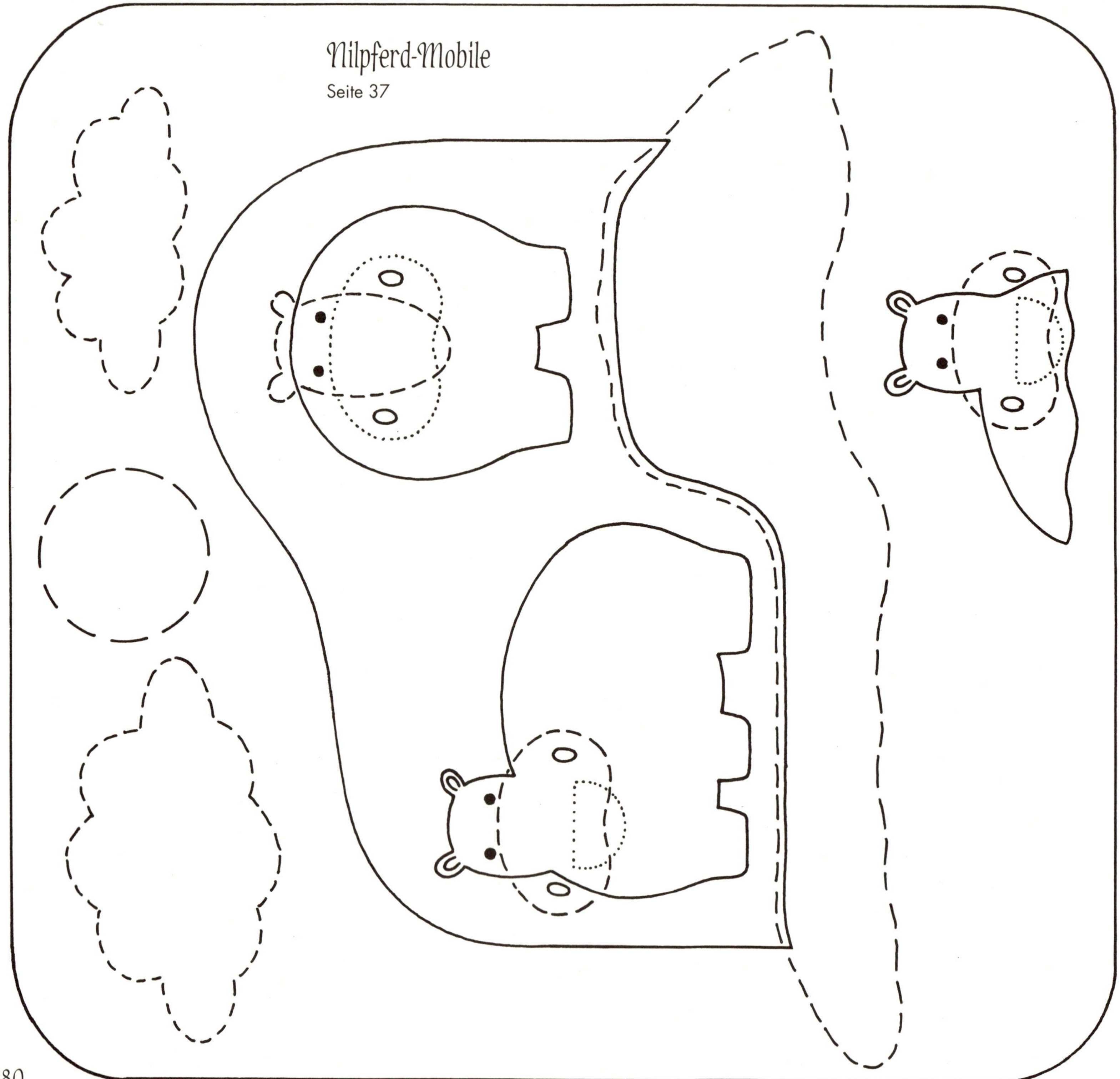

Hallo, mein Kleines

Seite 39

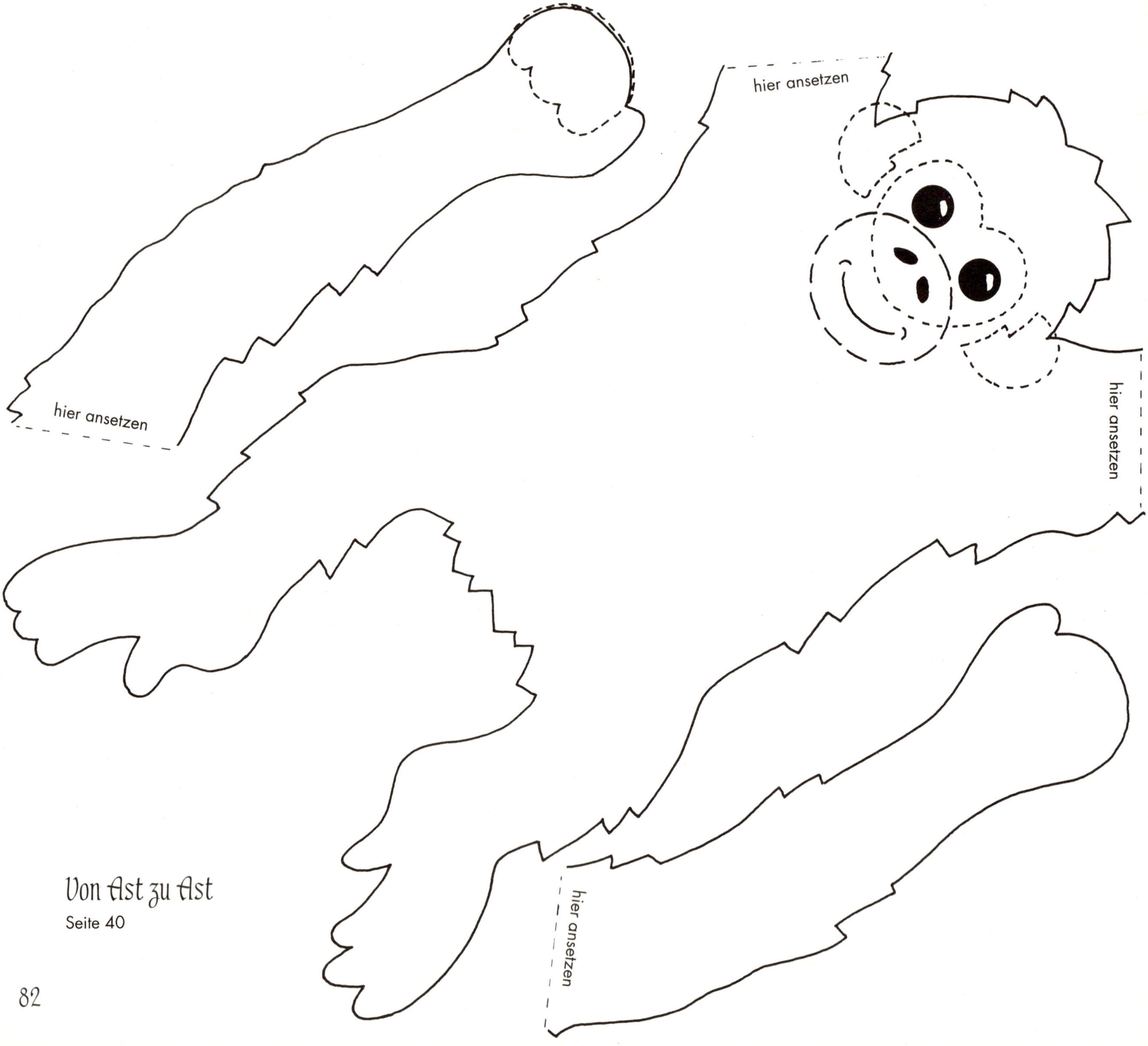

Von Ast zu Ast

Seite 40

Kakadu & Co.

Seite 42

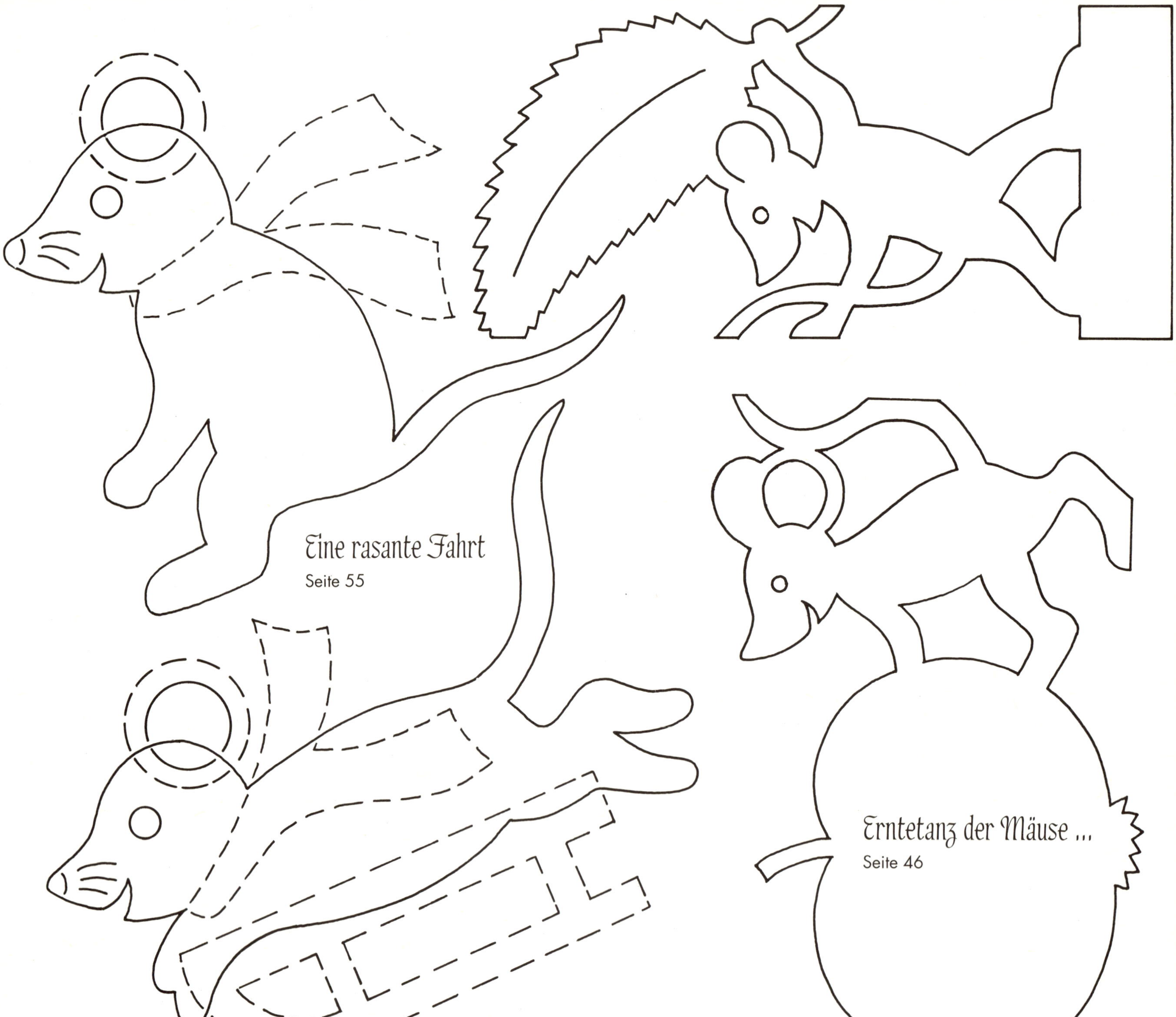

Eine rasante Fahrt

Seite 55

Erntetanz der Mäuse ...

Seite 46

... und der Igel

Seite 47

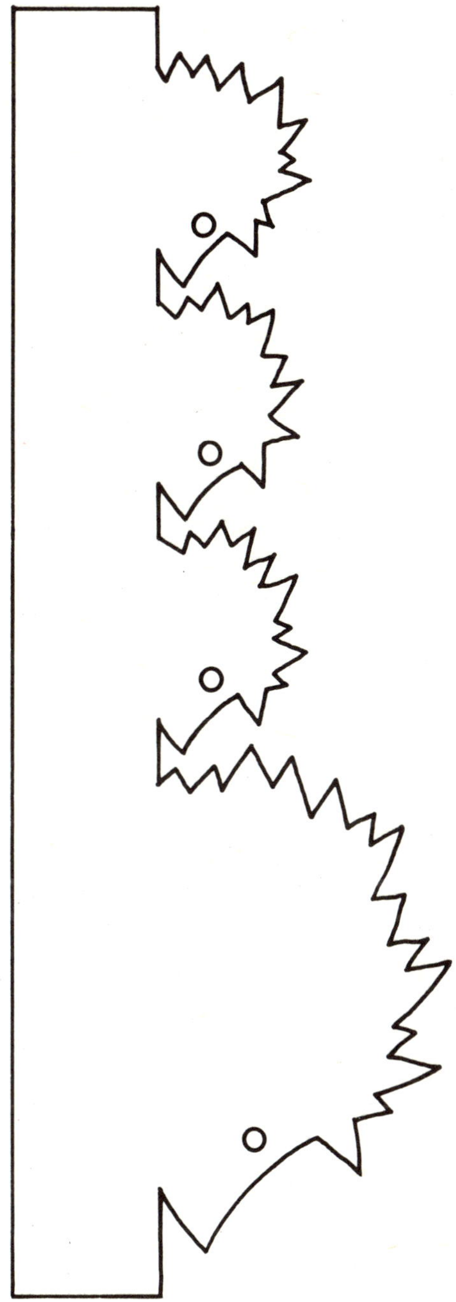

Darf ich auch mal abbeißen?

Seite 49

Erster Advent

Seite 50

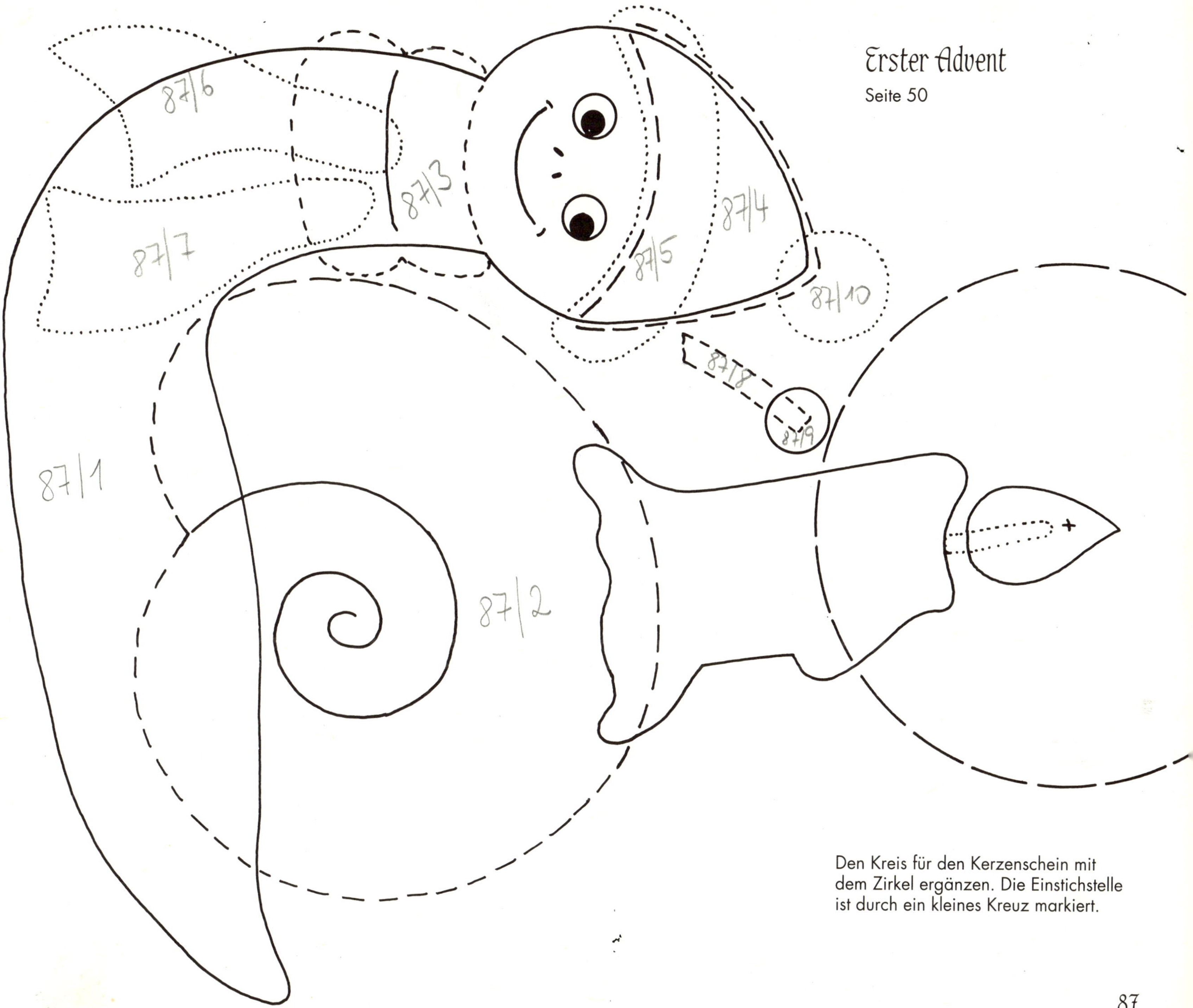

Den Kreis für den Kerzenschein mit dem Zirkel ergänzen. Die Einstichstelle ist durch ein kleines Kreuz markiert.

Bärenweihnacht

Seite 51

Die Katze schlägt den Takt

Seite 53

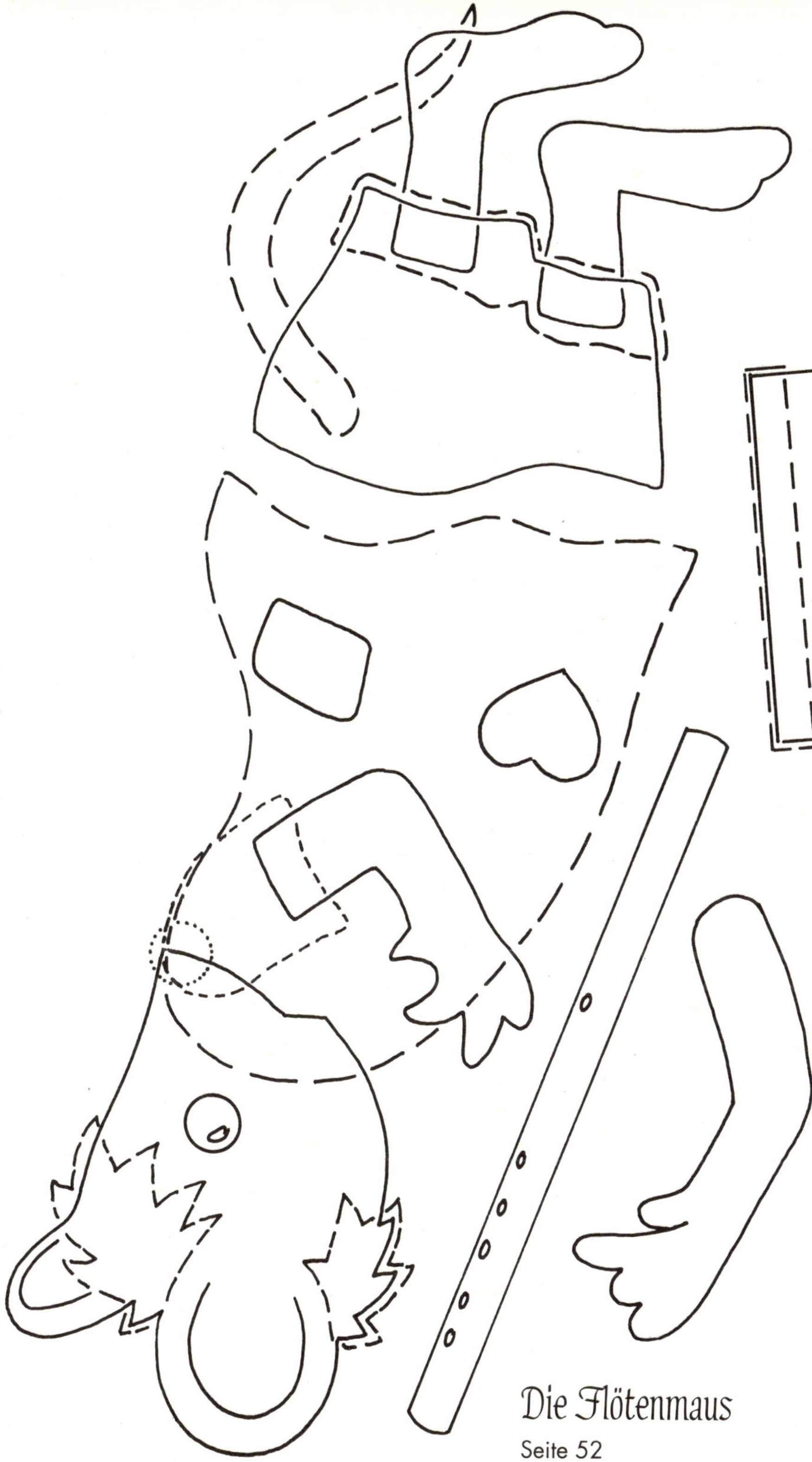

Die Flötenmaus

Seite 52

Schön kalt ist es hier

Seite 54

Willst du mitfahren?

Seite 57

Bello und Bella

Seite 56

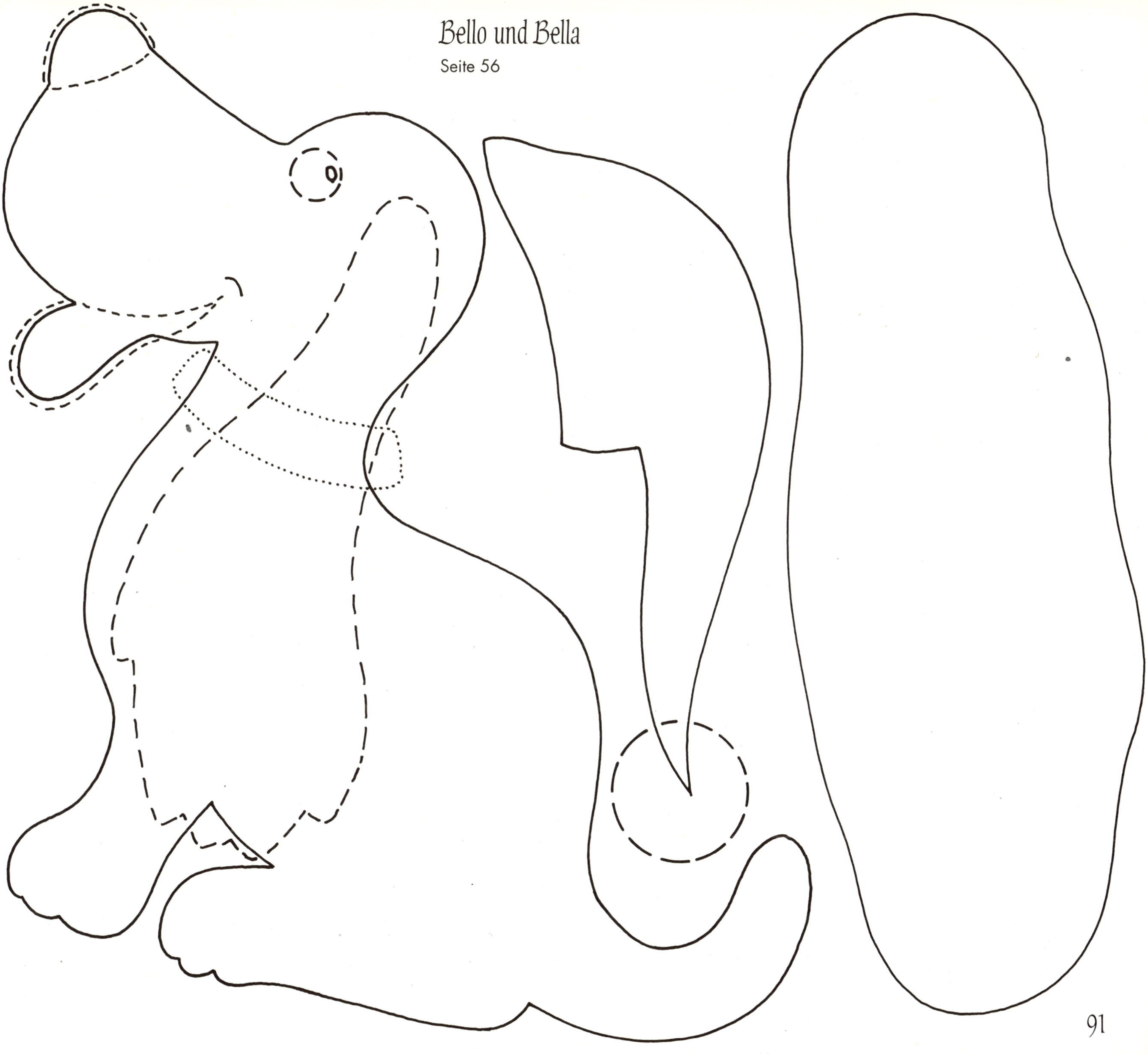

Vögel im Winter

Seite 58

Eulenpärchen

Seite 59

Katzenpärchen

Seite 60

Der kleine Gärtner

Seite 45

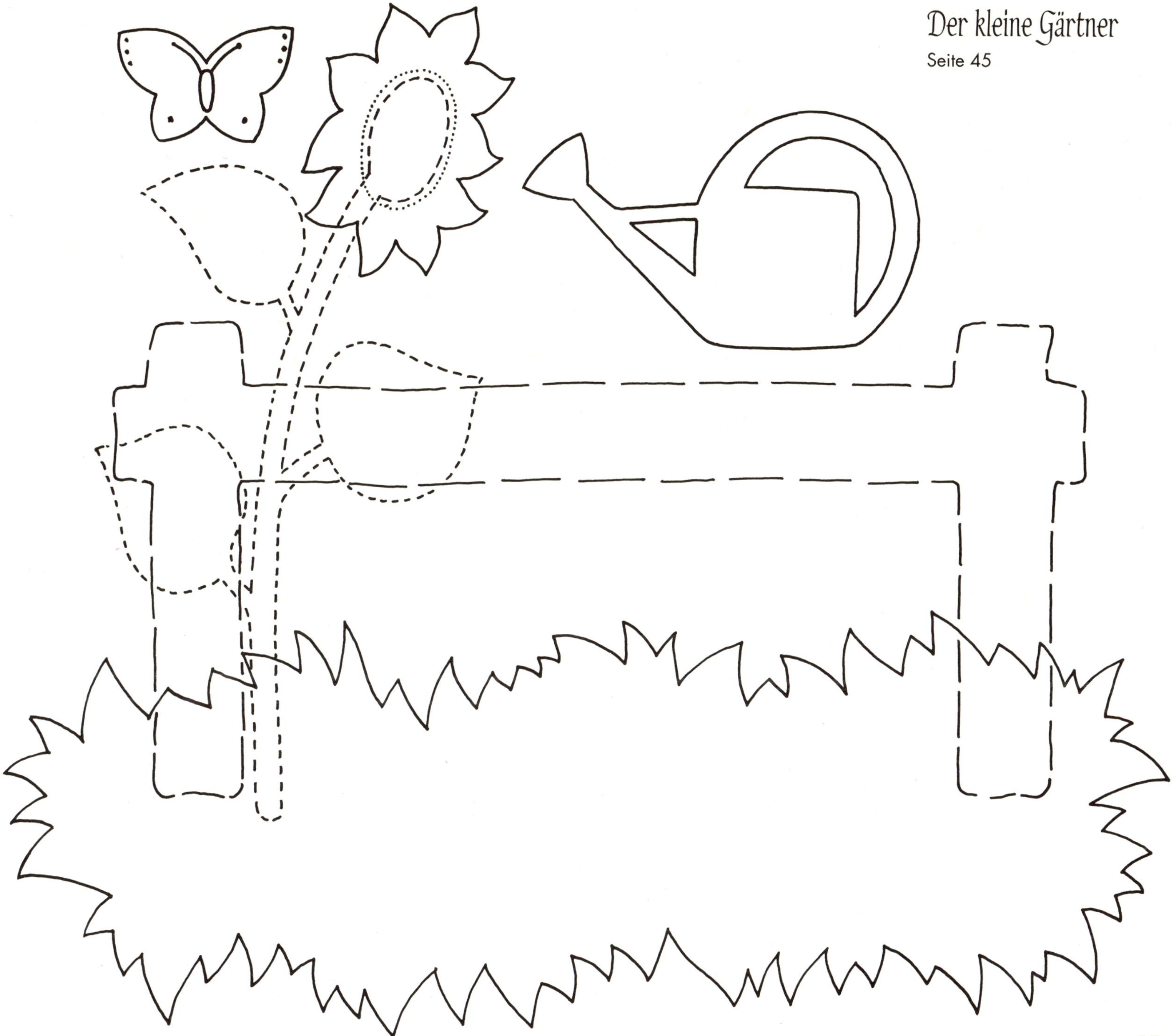

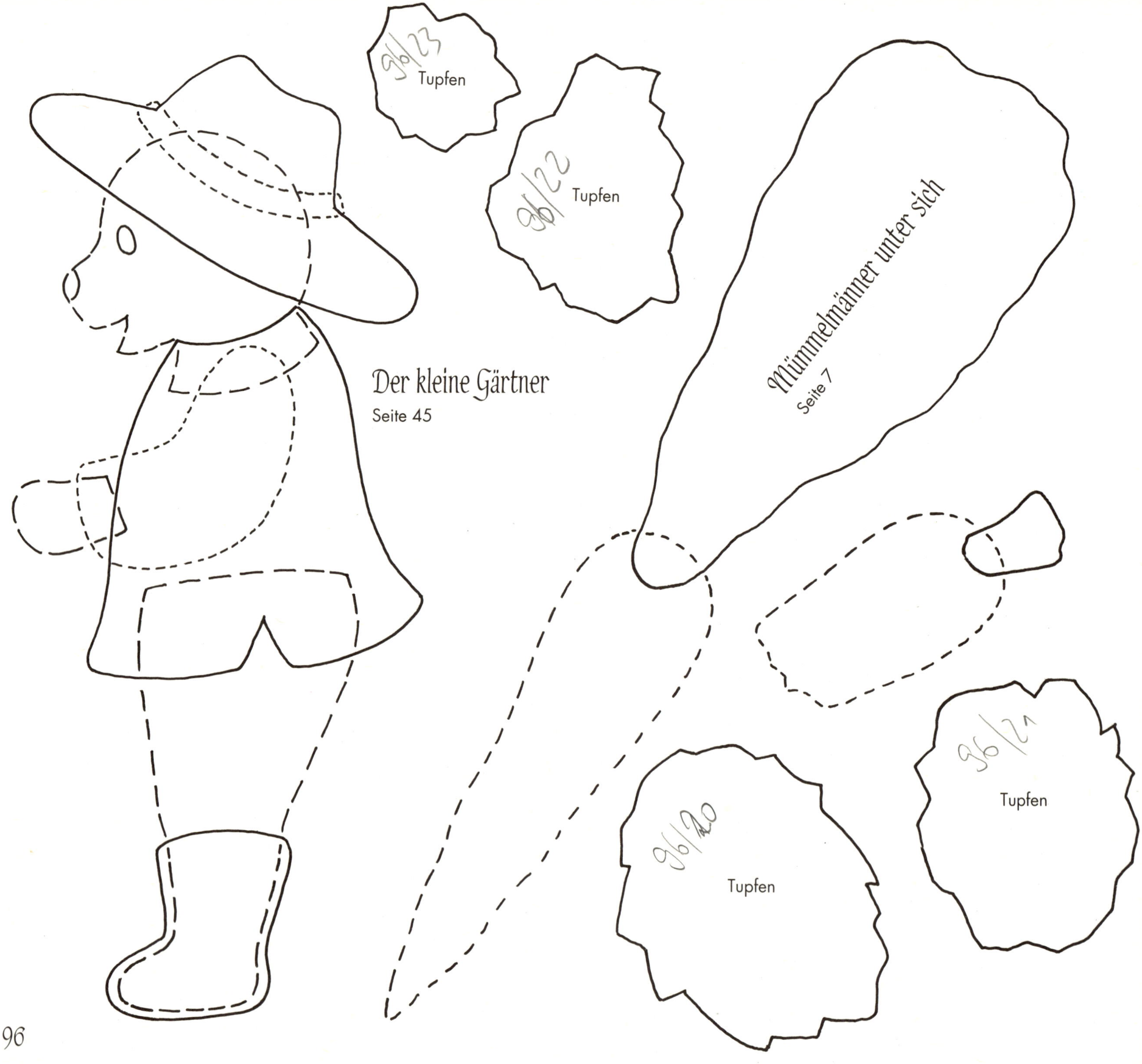
Der kleine Gärtner
Seite 45
Mümmelmänner unter sich
Seite 7
Tupfen
Tupfen
Tupfen
Tupfen

Mümmelmänner unter sich

Seite 7

Dompfaffenpärchen

Seite 10

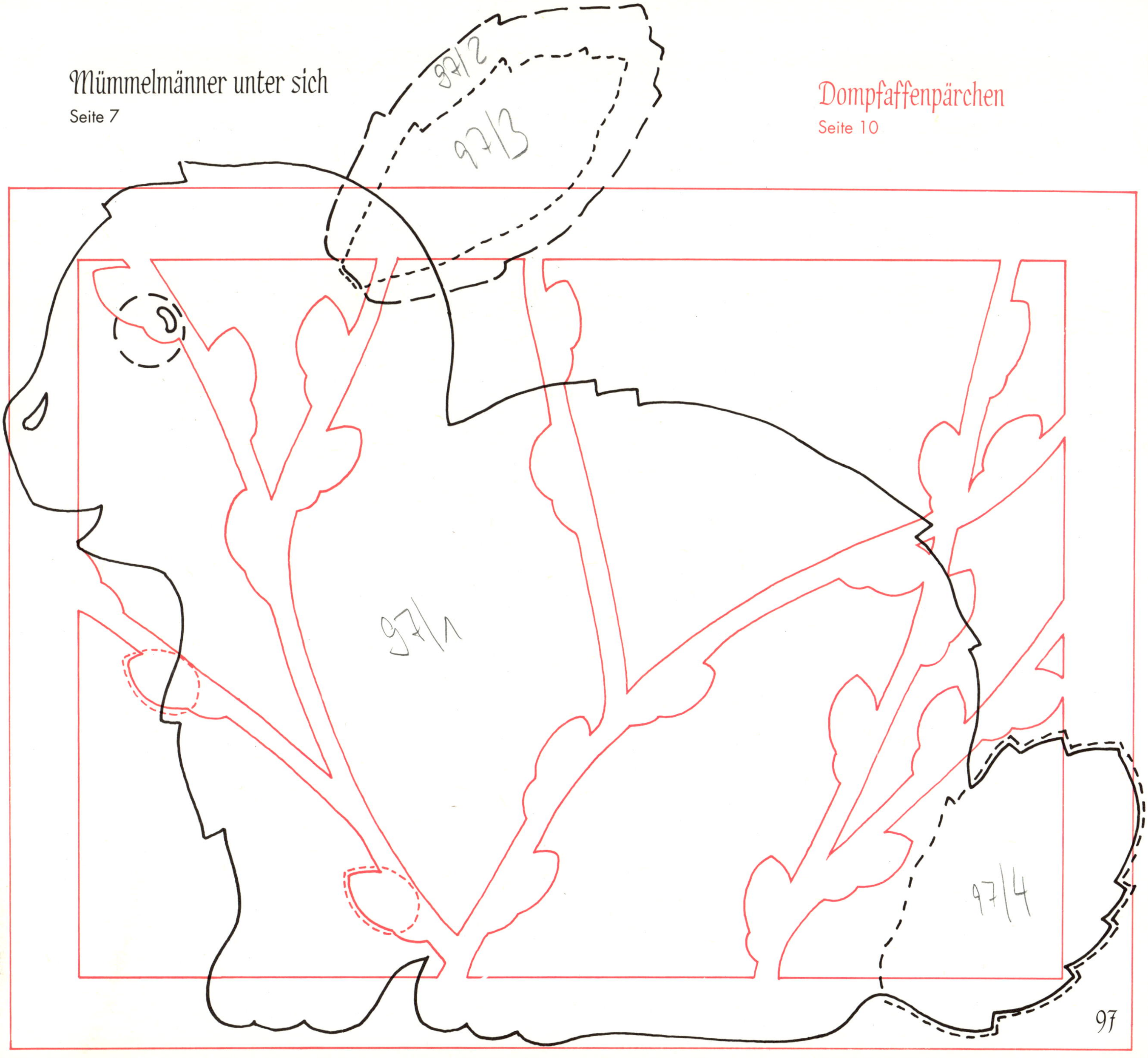

Im Pferdestall

Seite 20

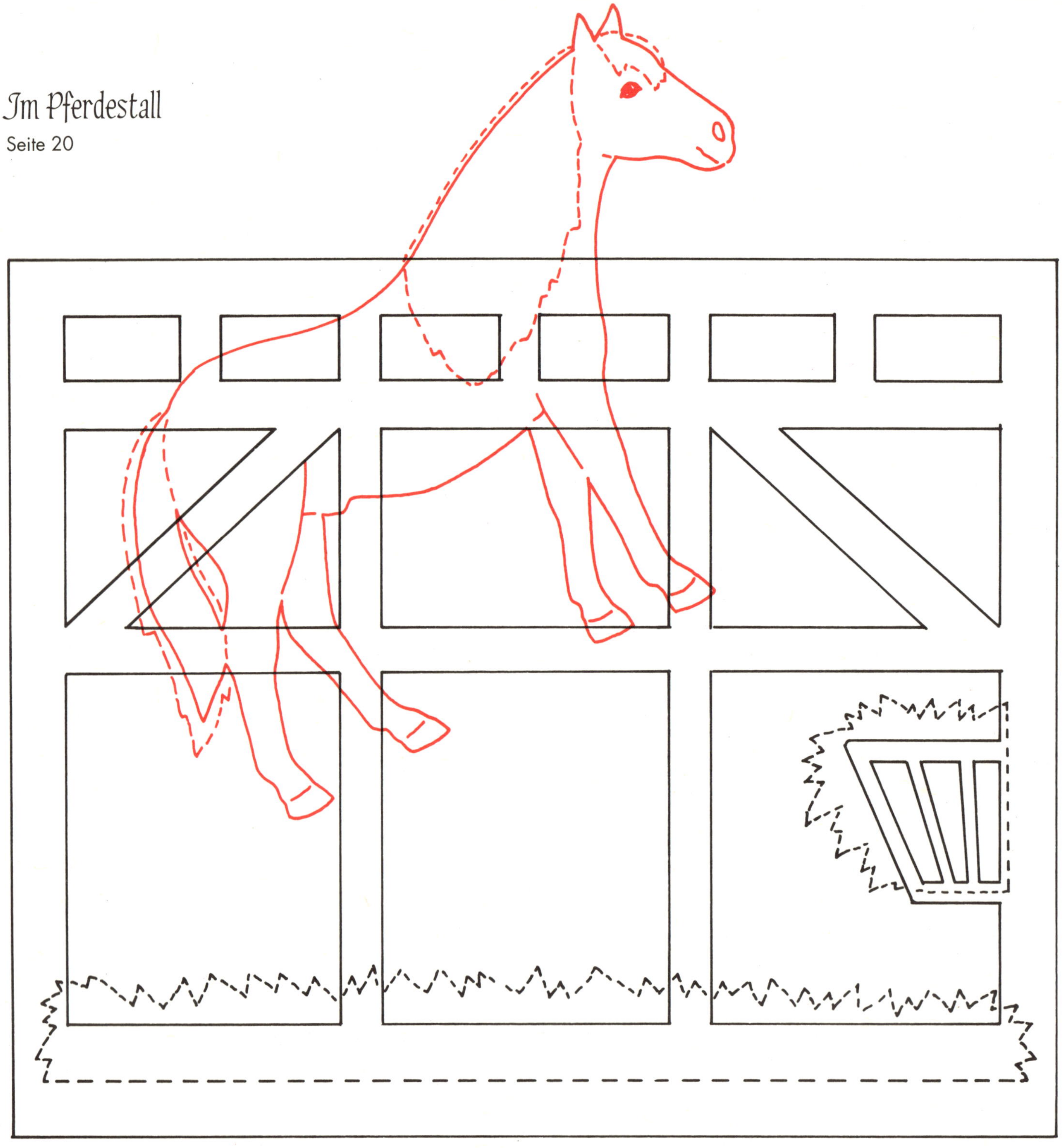

Schlaf gut!

Seite 23

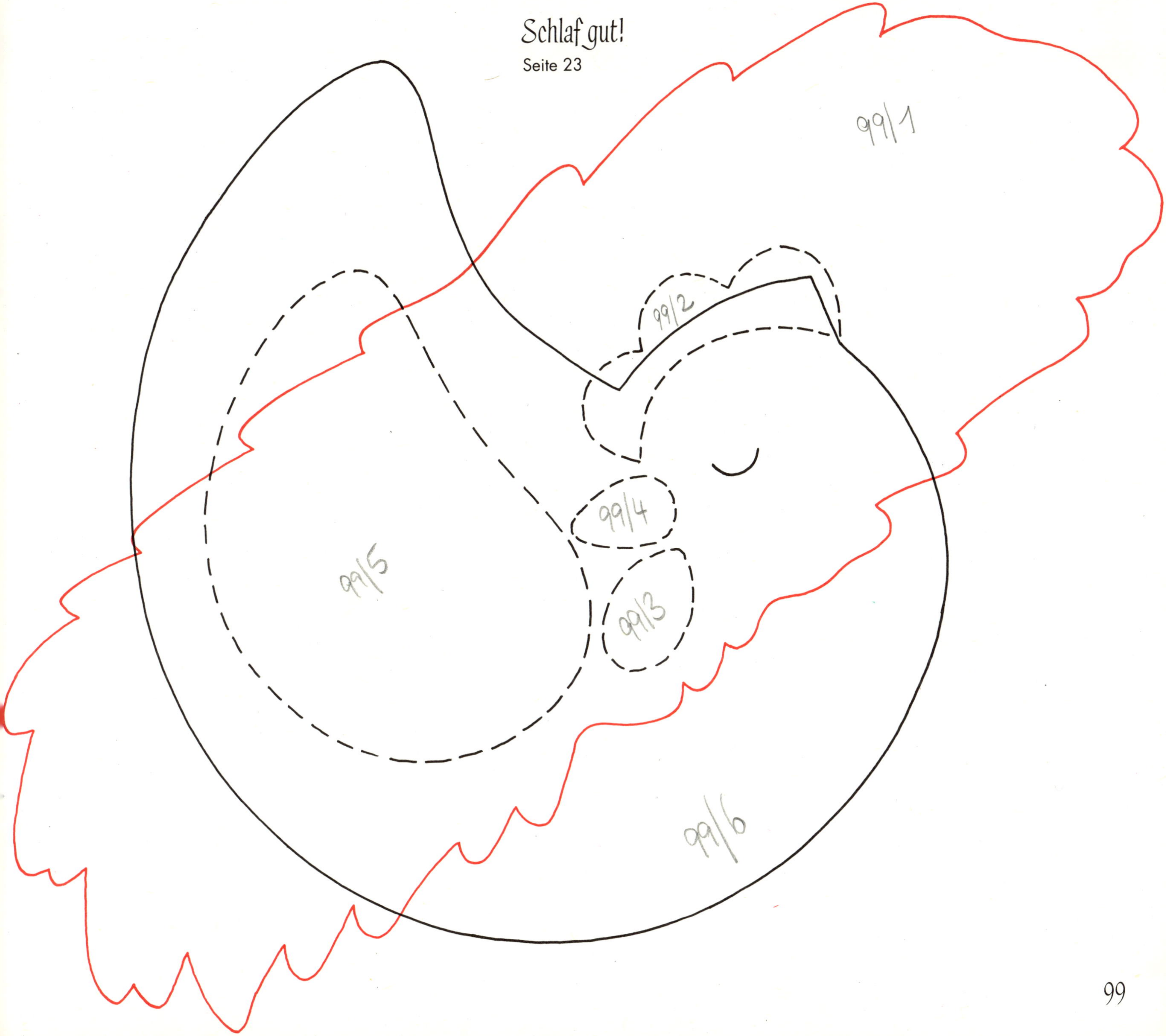

Ahoi!

Seite 30

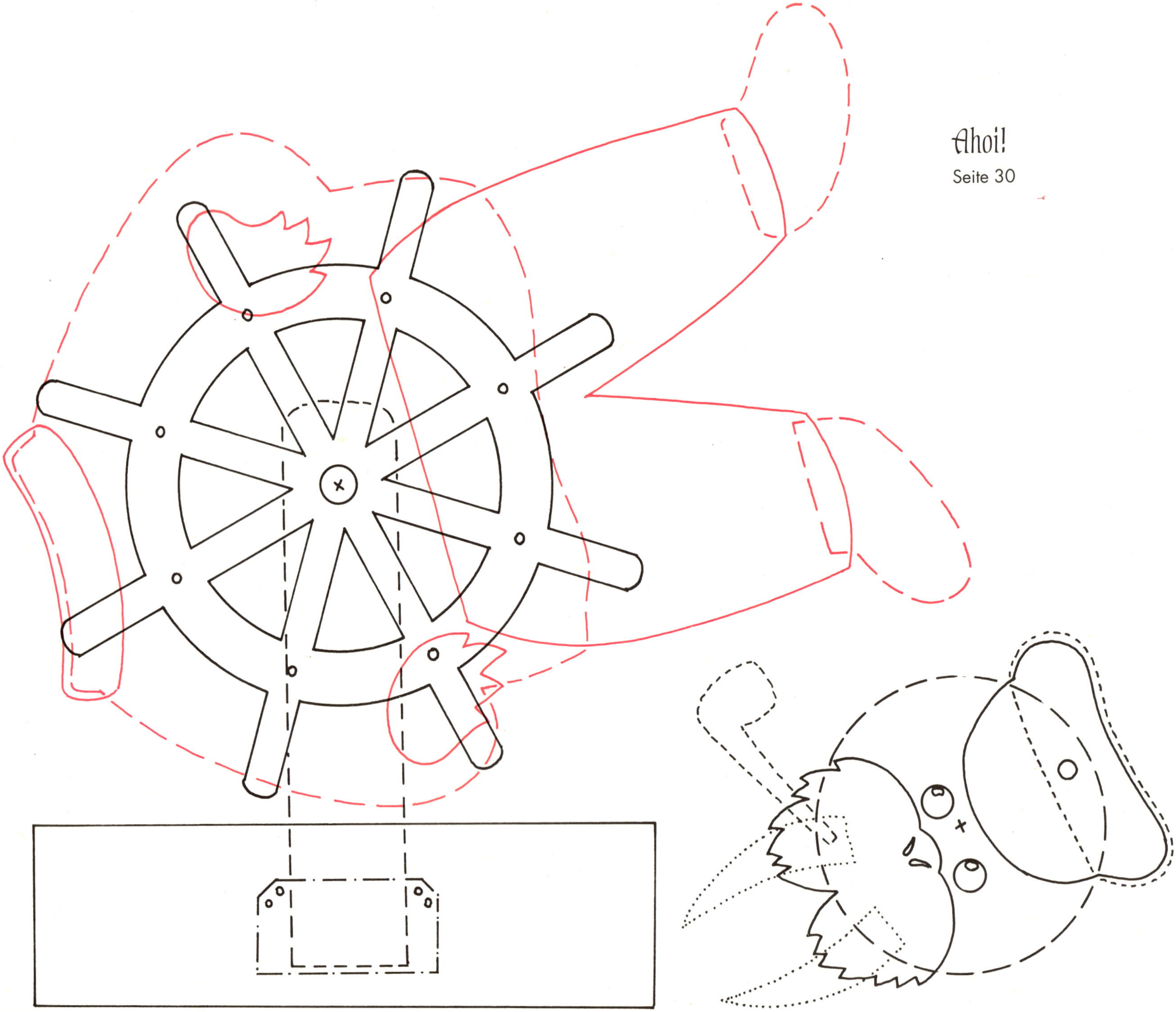

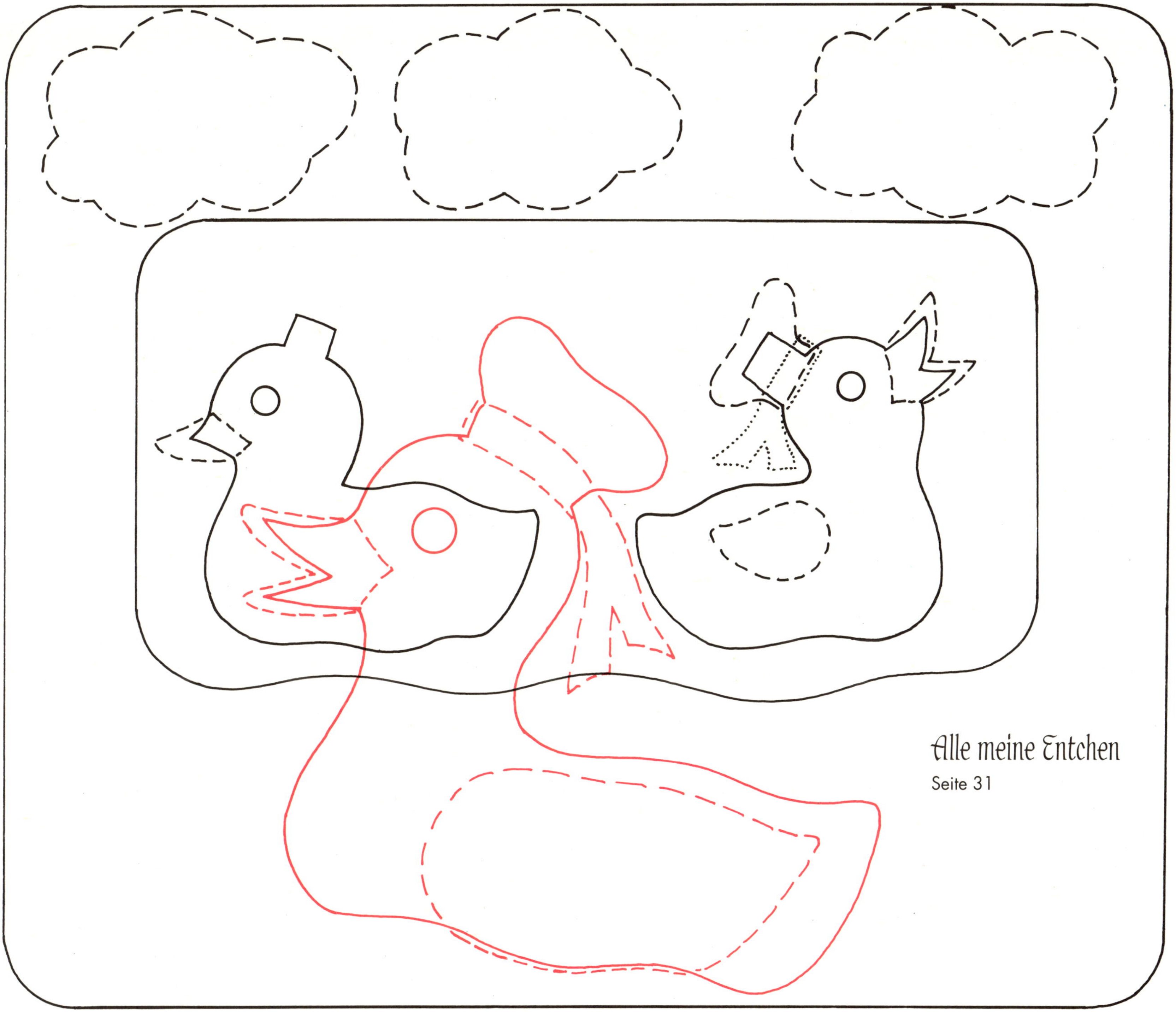

Alle meine Entchen

Seite 31

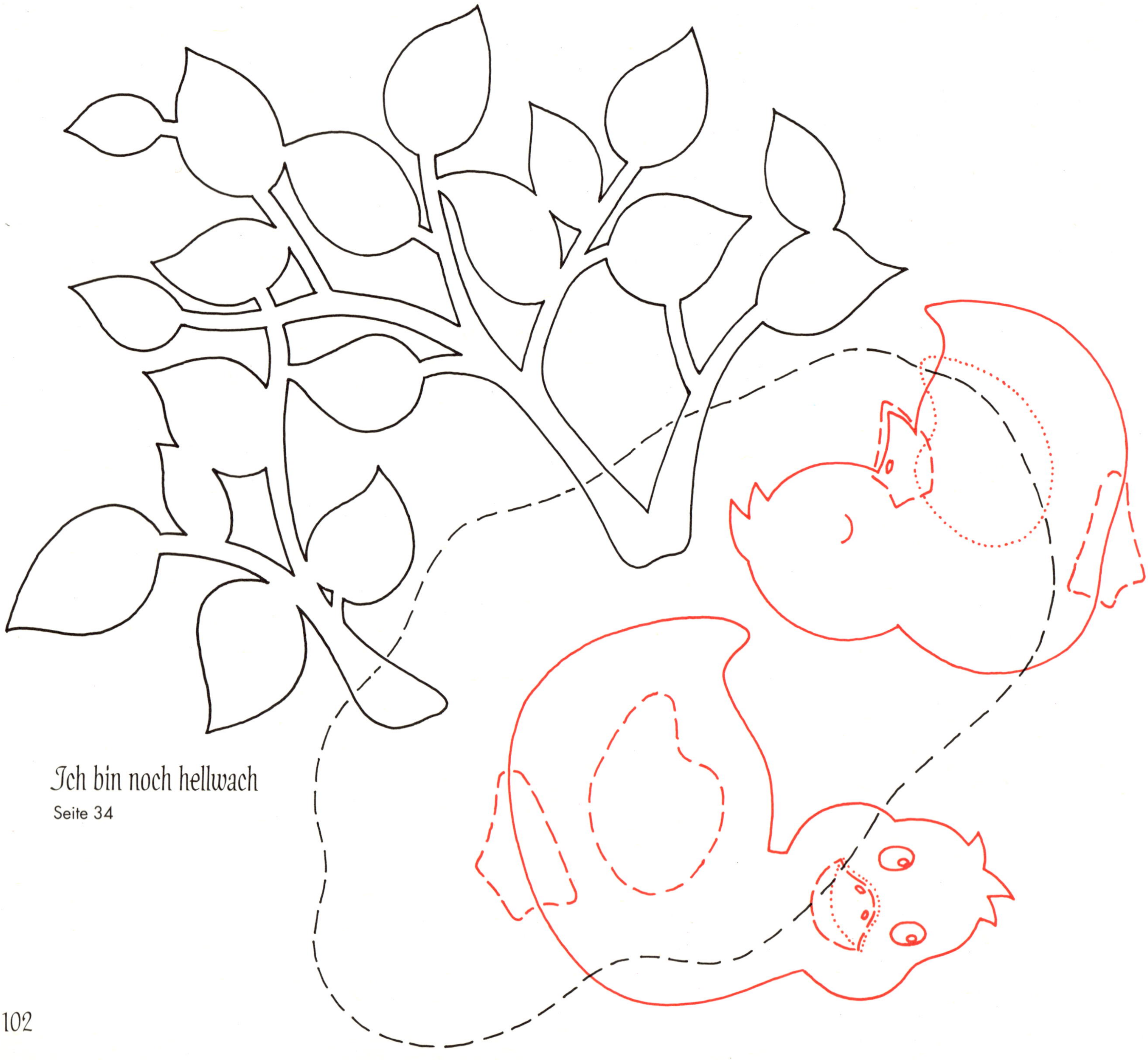

Ich bin noch hellwach

Seite 34

Eine Seefahrt, die ist lustig ...

Seite 36

Gepanzerte Sonnenanbeterin

Seite 38

Siesta in der Savanne

Seite 41

Am Eichhörnchenkobel

Seite 43

Lecker!

Seite 44

Was gibt's Neues?

Seite 48